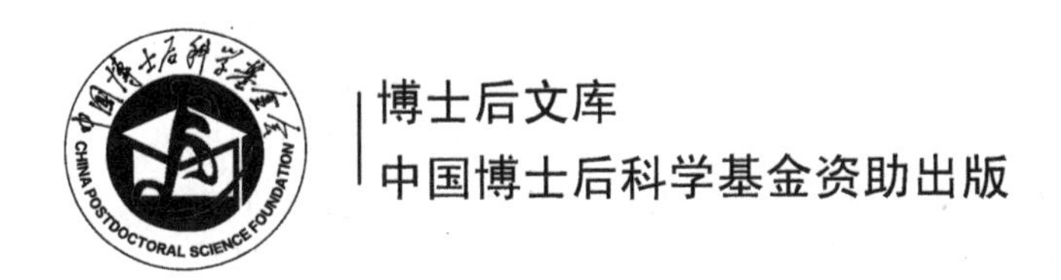

关于绵羊肌肉生长遗传调控机理的研究

Study on Genetic Control Mechanism of Sheep Muscle Growth

孙　伟　马月辉　著

科学出版社
北　京

内 容 简 介

本书共包含两部分内容：①揭示了湖羊肌肉生长性状的分子遗传学基础，为湖羊肌肉生长性状的选育提供遗传学资料，丰富湖羊品种遗传资源的研究；特别介绍了 *Dlk1*、*GHR*、*IGF-Ⅰ*、*MSTN*、*MyoG* 基因在湖羊不同生长阶段背最长肌中表达丰度的分析方法及其与湖羊屠宰性状、肉质性状的关联性分析（第一章至第四章）。②介绍了利用芯片表达数据构建绵羊背最长肌基因网络调控图的方法，并且探讨了 TGF-β 信号通路在美臀羊形成中的作用（英文部分）。

本书一方面将为从事羊肌肉生长遗传调控机理相关研究的人士提供新的思路和参考；另一方面提供了解释洞角科草食动物中两种肌肉增加表型的机制的新观点，丰富了洞角科草食动物重要功能基因遗传资源的研究，在一定程度上将推动我国动物遗传资源科学的进一步发展。

图书在版编目（CIP）数据

关于绵羊肌肉生长遗传调控机理的研究/孙伟，马月辉著. —北京：科学出版社, 2017.3

（博士后文库）

ISBN 978-7-03-051055-6

Ⅰ. ①关… Ⅱ. ①孙… ②马… Ⅲ. ①绵羊–肌肉组织–遗传调控–研究 Ⅳ. ①S826.02

中国版本图书馆 CIP 数据核字(2016)第 308128 号

责任编辑：李秀伟 白 雪 / 责任校对：李 影
责任印制：张 伟 / 封面设计：刘新新

科学出版社 出版
北京东黄城根北街 16 号
邮政编码: 100717
http://www.sciencep.com

北京东华虎彩印刷有限公司 印刷

科学出版社发行 各地新华书店经销

*

2017 年 3 月第 一 版 开本：720×1000 1/16
2017 年 3 月第一次印刷 印张：6 3/4
字数：136 000

定价：68.00 元

(如有印装质量问题，我社负责调换)

《博士后文库》序言

1985 年，在李政道先生的倡议和邓小平同志的亲自关怀下，我国建立了博士后制度，同时设立了博士后科学基金。30 多年来，在党和国家的高度重视下，在社会各方面的关心和支持下，博士后制度为我国培养了一大批青年高层次创新人才。在这一过程中，博士后科学基金发挥了不可替代的独特作用。

博士后科学基金是中国特色博士后制度的重要组成部分，专门用于资助博士后研究人员开展创新探索。博士后科学基金的资助，对正处于独立科研生涯起步阶段的博士后研究人员来说，适逢其时，有利于培养他们独立的科研人格、在选题方面的竞争意识以及负责的精神，是他们独立从事科研工作的“第一桶金”。尽管博士后科学基金资助金额不大，但对博士后青年创新人才的培养和激励作用不可估量。四两拨千斤，博士后科学基金有效地推动了博士后研究人员迅速成长为高水平的研究人才，“小基金发挥了大作用”。

在博士后科学基金的资助下，博士后研究人员的优秀学术成果不断涌现。2013 年，为提高博士后科学基金的资助效益，中国博士后科学基金会联合科学出版社开展了博士后优秀学术专著出版资助工作，通过专家评审遴选出优秀的博士后学术著作，收入《博士后文库》，由博士后科学基金资助、科学出版社出版。我们希望，借此打造专属于博士后学术创新的旗舰图书品牌，激励博士后研究人员潜心科研，扎实治学，提升博士后优秀学术成果的社会影响力。

2015 年，国务院办公厅印发了《关于改革完善博士后制度的意见》（国办发〔2015〕87 号），将“实施自然科学、人文社会科学优秀博士后论著出版支持计划”作为“十三五”期间博士后工作的重要内容和提升博士后研究人员培养质量的重要手段，这更加凸显了出版资助工作的意义。我相信，我们提供的这个出版资助平台将对博士后研究人员激发创新智慧、凝聚创新力量发挥独特的作用，促使博士后研究人员的创新成果更好地服务于创新驱动发展战略和创新型国家的建设。

祝愿广大博士后研究人员在博士后科学基金的资助下早日成长为栋梁之才，为实现中华民族伟大复兴的中国梦做出更大的贡献。

中国博士后科学基金会理事长

前　　言

近年来，随着我国居民收入水平的不断提高和生活模式的不断转变，羊肉消费市场快速发展，羊肉健康、安全的营养特性得到了消费者的广泛认可，其消费量也得以稳步增加。然而，相对于鸡、猪等物种，我国在羊肌肉方面的研究并不够深入，并且缺乏系统性，尤其是相对于国外的研究而言，我国还处于落后阶段。此外，国外羊品种生长发育速度较国内地方羊品种更快，体型更大，但是国内地方羊品种的肉质性状却更好，肉质更嫩。因此，寻找中外羊品种肌肉生长发育差异的分子机理显得尤为重要，相关研究结果对于利用分子标记培育我国专门化肉用羊品种具有重要意义。

本书的研究主要集中于候选基因法和高通量基因组测序这两种不同方法，并以我国湖羊品种作为研究对象（这主要是基于目前湖羊在全国各地区推广较为广泛的客观事实，并且湖羊是培育具有中国特色的优质肉用绵羊品种的良好母本素材）来分析绵羊品种肌肉生长发育的机理，以期揭示具有不同生长速度的中外绵羊品种在肌肉生长发育方面存在差异的分子机理，并为我国培育肉用绵羊新品种提供理论依据。

本书主要包含两部分内容：①详细介绍了 *Dlk1*、*GHR*、*IGF-Ⅰ*、*MSTN*、*MyoG* 等肌肉生长候选基因在湖羊不同生长阶段背最长肌中表达丰度的分析方法及其与湖羊屠宰性状、肉质性状的关联性分析及其方法，旨在揭示湖羊肌肉生长性状的分子遗传学机理，为湖羊肌肉生长性状的选育提供遗传学资料，丰富湖羊品种遗传资源的研究；②介绍了利用芯片表达数据构建绵羊背最长肌基因网络调控图的方法，并探讨了 TGF-β 信号通路在美臀羊形成中的作用，首次提供了 Hippo 信号通路参与草食动物肌肉生长的活体证据，同时也提供了解释洞角科草食动物中美臀羊和双肌臀牛两种肌肉增加表型的机制的新观点，丰富了洞角科草食动物重要功能基因遗传资源的研究。

鉴于多基因之间的聚合作用及基因互作的广泛存在，本书在分析由既有文献得到的 5 个基因在不同生长阶段表达的基础上，重点分析了这 5 个基因与屠宰性状指标和肉质性状指标的关联性，初步筛选了可以用于肉质性状选育的候选基因。本书的另一个重点是采用了最新的 Affymetrix 全基因组表达谱测序分析，揭示了两种不同肌肉表型在 6 个生长阶段的基因组表达水平，并在此基础上采用 R 语言编程进行生物信息学分析，相关生物信息学研究结果不仅远远超出以往采用生物技术公司的通用分析软件得到的结果，而且结果更具有针对性。同时，深入揭示了不同肌肉表型肌肉生长发育速度存在较大差异的分子机理，并详细提供了与调控肌肉生长发育分子网络相关的研究思路和生物学数据分析方法，对于开展类似的、揭示表型存在明显差异的分子遗传学机理研究具有重要的参考价值。

本书既有研究进展的概述，也有具体研究过程的介绍，特别是提供了较为详细的数据分析思路，使得本书不仅仅局限于对理论的探讨，而且有实例，这是本书的重要特点。

本书撰写主要以中文为主，但鉴于国外生物信息学研究比国内更为深入的现实，为了便于读者参考和借鉴，书中的第二部分关于生物信息学的研究采用英文撰写格式，这不仅有利于学术的国际交流，也使得相关读者有机会接触生物信息学的最新研究思路和研究方法。

孙　伟（扬州大学）

马月辉（中国农业科学院北京畜牧兽医研究所）

2016年9月

目　　录

第一部分　湖羊 *Dlk1*、*GHR*、*IGF-Ⅰ*、*MSTN*、*MyoG* 基因在背最长肌中的表达及其与湖羊屠宰性状、肉质性状关联性分析

第一章 绪 论

湖羊是我国著名的绵羊品种，体形狭长、清秀，具有早熟、繁殖力高等特性，并且肉质细嫩、多汁，非常适合作为肥羔生产的母本。但与其他绵羊品种相比，湖羊存在胴体瘦肉率低、个体生长发育速度较慢的缺点。检测湖羊骨骼肌生长发育期间相关基因的表达情况是了解湖羊肌肉生长分子机制的基础，可以发现与肉类产量和品质性状相关的候选基因。

以湖羊（不同性别的 2 日龄、1 月龄、2 月龄、3 月龄、4 月龄、6 月龄）为研究对象，以陶赛特羊（不同性别的 6 月龄）为参照对象，取背最长肌组织样，运用组织学和显微技术对背最长肌肌纤维直径、密度、嫩度等肉质性状等相关指标进行测定分析，并采用相对定量反转录-聚合酶链反应（RT-PCR）技术检测 *Dlk1*、*GHR*、*IGF-Ⅰ*、*MSTN* 和 *MyoG* 5 个基因在背最长肌中的相对表达量，研究 5 个基因在不同月龄、不同性别的湖羊和陶赛特羊中的表达规律，探讨 5 个基因的表达量与宰前活重、胴体重、净肉重等屠宰性状指标及肌纤维直径、密度、嫩度等肉质性状指标的相关性，以及 5 个基因之间的互作关系，为进一步研究这 5 个基因在肌肉中的表达对肉质性状及生长性状的影响提供理论依据，以初步揭示湖羊品种肉质性状形成的分子遗传学基础，为湖羊品种肉质性状的选育及湖羊品种遗传资源的研究提供可借鉴的遗传学资料。

第一节 湖羊品种简介

湖羊是我国特有的、世界上著名的少数几个多胎绵羊品种之一。在我国已有 800 多年的饲养历史，是我国保护的绵羊品种之一（张冀汉，2003）。它具有适应性强、生长快、性成熟早、宜圈养、泌乳力高、屠宰率高、肉质鲜美等优良特点，其平均产羔率更是高达 256%（赵凤立等，2002；俞坚群，2006）。湖羊的羔皮更是具有“中国的软宝石”之称，因其拥有波浪花纹、色泽洁白等特点，享誉国内外裘皮市场（席斌等，2003）。

一、湖羊的产地与分布

湖羊主要分布在我国江浙两省交界的太湖流域，产地平原地区多于丘陵地区，尤以“杭、嘉、湖”地区较集中，因而得名“湖羊”。产地属于亚热带气候，年平均气温为 15～18℃，1 月和 7 月平均气温分别为 3.3℃和 29.6℃，相对湿度较高，阴雨天长达200天，经过长期自然选择，湖羊能够较好地适应高温高湿的饲养环境（吕宝铨，2007；陈玲等，2006）。

二、湖羊的繁殖性能

湖羊具有性成熟早的特点，4月龄的公羊即能与发情母羊交配并使其受孕，6月龄的母羊就能排卵、发情、交配受孕。并且母羊能够四季发情，很大程度上缩短了繁殖周期（王伟，2007）。

湖羊为我国著名的多胎绵羊品种，其繁殖性能远远高于滩羊等单胎绵羊品种。产两胎以上的合计占总产羔数的87.12%，为选育湖羊的多胎品系提供了有利条件。

目前发现，湖羊的多胎性能与调控多胎性状的主效基因*FecB*有关。*FecB*基因于1982年在澳大利亚的Booroola Merino绵羊品种中被发现，是被形容为影响绵羊排卵率和繁殖力的第一个主效基因（Davis et al.，1982）。王根林等（2003）利用限制性片段长度多态性聚合酶链反应（PCR-RFLP）技术，对湖羊DNA进行分析，研究发现，12只湖羊均为纯合*FecB*基因的携带者，证明湖羊存在*FecB*基因，且为高度纯化的优良品种，可以作为珍贵的多胎品种资源。储明星等（2009）选取150只湖羊，利用聚合酶链反应-单链构象多态（PCR-SSCP）技术和PCR-RFLP检测方法对其进行了多胎性状的相关分析，研究发现，*FecB*基因中B等位基因的基因频率高达0.88，研究结果与王根林等（2003）一致。

三、湖羊羔皮的特性

湖羊羔皮是我国传统出口特产之一，是一种“古钟”形状的淡干板皮，新出生的羊羔毛具有毛色洁白、光泽很强、花纹奇特、波浪形等特点，十分美观，是世上罕有的白色羔皮（钟辑，1982）。

四、湖羊的产奶性能及前景

湖羊奶具有质高量多的特点。一般来说，泌乳量和产羔数呈正相关。因湖羊为多胎品种，每胎产羔数2～3只而且奶水充足，湖羊羔早期生长发育快，所以湖羊具备成为奶畜的潜能。

徐颖等（2010）研究发现，羊奶的营养价值极高，蛋白质的凝块较软，而且氨基酸组成与人奶接近。羊奶脂肪球直径是牛奶的1/3，富含短链脂肪酸，约为牛奶含量的5倍，不含凝集素。羊奶又可以分为山羊奶和绵羊奶，绵羊奶的营养价值高于山羊奶，更高于牛奶。近年来，国内外营养学家一致认为羊奶是最接近人乳的乳品，其中绵羊奶更为接近人乳，营养价值也更高，羊奶粉的出现满足了部分对牛奶过敏的婴幼儿的强烈需求，婴幼儿成为目前配方羊奶粉的最主要消费人群（汤艾非和韩正康，1993；王引泉等，2010；舒国伟等，2008；达文致和达文政，2009）。

五、湖羊的肉质性状

早期生长快慢、屠宰率和鲜肉品质等因素是评价一个品种肉用价值优良与否的评价标准。湖羊肉具有生长快、屠宰率高、肉质鲜美等特点。

湖羊成年公羊的平均体重、体高、体长、胸围分别为 76.33kg、75.35cm、90.67cm、103.67cm；成年母羊则分别为 48.93kg、70.35cm、79.50cm、90.30cm。公羊的屠宰率、净肉率、骨肉比分别为 50.40%、42.11%和 1∶5.48；母羊分别为 47.87%、40.39%和 1∶5.41。若将公羊阉割后育肥、淘汰老母羊饲养一段时间后再屠宰，屠宰率还会显著升高（王伟，2007）。

绵羊肉的品质以肉的香味及感观作为评判标准，依照我国目前绵羊肉分级标准评定：湖羊公羊肉分布于三个等级内，三级肉占 37.5%；母羊肉一级和二级各占一半，由此说明公羊肉的品质低于母羊肉（王鹏，2010）。

钱建共等（2002）利用特克赛尔等国外 5 个肉用绵羊品种作父本，分别与湖羊进行杂交，结果显示，在平均体重方面，6 月龄的德国肉用美利奴×湖羊组羔羊、特克赛尔×湖羊组羔羊、萨福克×湖羊组羔羊均极显著地高于对照组（$P<0.01$）；在净肉率和骨肉比性状方面，特克赛尔×湖羊组羔羊、陶赛特×湖羊组羔羊、德国肉用美利奴×湖羊组羔羊均极显著地高于对照组（$P<0.01$）。试验结果表明，利用优秀外种肉用绵羊与湖羊杂交能较大幅度地提高湖羊的产肉性能。

姜俊芳等（2010）研究发现，杜泊羊和湖羊杂交后代的肌肉粗脂肪含量显著低于湖羊，在一定范围内，肌内脂肪含量越多，肉越多汁，从而说明湖羊肉质鲜嫩、风味好。而在羊肉中氨基酸含量比较中发现，杜湖杂交羊肌肉氨基酸总含量显著高于湖羊，因而营养价值更高。

白慧琴等（2010）经过对湖羊品种 3 个世代进行封闭纯繁选育，发现母羊进展程度优于公羊，湖羊肉用系的繁殖性能呈缓慢下降的趋势。

第二节　骨骼肌简介

骨骼肌又称为横纹肌，是肌肉中的一种，由大量的肌细胞组成。在生物体内主要具有收缩和舒张的功能。肌细胞呈纤维状，不分支，有明显横纹，核很多，且均位于细胞膜下方。肌细胞内有许多沿细胞长轴平行排列的细丝状肌原纤维。大多数骨骼肌借肌腱附着在骨骼上。分布于躯干和四肢的每块肌肉均由许多平行排列的骨骼肌纤维组成，它们的周围包裹着结缔组织。

一、肌纤维的类型

根据肌肉颜色，可将肌纤维分为白肌和红肌两种类型，白肌收缩较快，红肌收缩较慢。根据收缩的机能，可以将肌纤维分为快肌和慢肌。根据颜色、收缩特性及代谢等特征又可将肌纤维分为慢肌纤维、快白肌纤维和快红肌纤维 3 种。

二、骨骼肌细胞的分化

肌肉组织是由蛋白质的不断增加及细胞的不断增殖分化形成的，这是一个极其复杂的过程。由来自中胚层的间充质干细胞发育到成熟的肌肉组织大致可分为4个阶段：①中胚层间充质干细胞经过终末分化的过程，形成具有单核的成肌细胞；②单核成肌细胞通过融合形成梭形的肌管；③肌管经过分化形成肌纤维；④肌纤维生长并达到最终成熟（赵晓等，2011）。

具体过程为：轴旁中胚层进一步发育形成生肌节，由生肌节发育而形成的间充质干细胞进一步定向发育成单核的成肌细胞，肌肉特异性蛋白与不同类型的细胞黏附分子的共同作用，使成肌细胞进一步融合，在四肢和躯干部位形成不同肌群的肌管。肌管是含有肌原纤维的长圆柱状多核细胞，其中肌原纤维由肌动蛋白及肌球蛋白构成（贾径，2009）。肌管又可被分为初级肌管和次级肌管，次级肌管是运动神经元开始支配时，在初级肌管的基础上形成的。最初形成的肌管的细胞核位于细胞中央，伴随着肌原纤维的不断增加，细胞核开始向周边移动，此时的肌管形成肌纤维。

肌纤维发育的前 3 个阶段在动物的胚胎期就基本上完成，因此一般情况下，肌纤维的数目不会随着动物体出生后年龄的增长而改变，肌肉的生长并非是由于数目的增多，而是由于肌肉细胞的肥大。

三、肌纤维与肉质性状的关系

Chang 等（1993）根据所含酶系及代谢类型特点，将猪肌纤维分为慢速氧化型（Ⅰ型）、快速氧化型（Ⅱa 型）、快速酵解型（Ⅱb 型）、中间型（Ⅱx 型）。

氧化型肌纤维中肌红蛋白和血红蛋白含量高，当肌肉中氧化型肌纤维占较大比例时，则肌肉颜色鲜红，肉色评分较高。相反，Ⅱb 型肌纤维肌红蛋白和血红蛋白的含量较低，当Ⅱb 型肌纤维在肌肉中占较大比例时，肌肉颜色显得苍白，肉色评分低。

肌肉内脂肪可以通过切断肌纤维束间的交联结构及有利于咀嚼过程中肌纤维的断裂两个方面来改善肉的嫩度。Ⅰ型肌纤维脂质的含量较高，且相比于Ⅱb 型肌纤维较粗，Ⅰ型肌纤维直径较小，在相同屠宰和贮藏条件下，肌肉中Ⅰ型肌纤维比例增大，会减小肌肉的剪切力，提高肉品的嫩度，因此肌肉中Ⅰ型肌纤维含量与肉品的多汁性和风味呈正相关。

任列娇等（2010）研究发现，Ⅱb型肌纤维中含有高活性的ATPase和高含量的糖原，当Ⅱb型肌纤维占较大比例时，会使肌肉pH下降较快。而影响系水力的主要因素为pH和肌内脂肪，因而Ⅱb型肌纤维比例的增加会加快屠宰后肉品pH降低的速度和程度，并导致肌肉颜色水平变差，滴水损失增加。

四、与骨骼肌发育相关的基因家族

骨骼肌的发育是一个极其复杂的过程，一系列相关基因的程序性表达进而导致了骨骼肌细胞中特异基因的表达，这些基因之间形成的复杂的调控网络及信号转导通路最终促进了骨骼肌的发育。目前国内外学者研究最多的与肌肉发育过程相关的基因家族包括生肌调节因子家族（MRFs）和肌细胞增强因子 2（MEF2）家族。

（一）生肌调节因子家族（MRFs）对肌肉发育的影响

MRFs是一类具有碱性螺旋-环-螺旋（bHLH）结构的转录因子。家族主要由4个成员组成，它们包括：*MyoD*（*MyoD1*，*Myf3*）、*MyoG*（myogenin，*Myf4*）、*Myf5* 和 *Myf6*（*MRF4*，herculin）（Bryson-Richardson and Currie，2008）。MRFs成员可以通过自身激活，也可以相互激活。因而，只要有一个成员被激活，整个生肌调控网络即启动，进而大量地转录和表达MRFs。

但MRFs拥有极其严格的时序表达调控关系，在牛的肌卫星细胞培养实验中MRFs表达次序为：首先表达的两个基因为*Myf5*和*MyoD*，*Myf5*基因表达又早于*MyoD*基因，两个基因分别对背侧中间区域的生皮肌节的发育及在成肌细胞的决定过程中起重要作用，并共同起到成肌的作用。尽管缺失*Myf5*和*MyoD*两个基因中的任意一个不会对成肌造成太大影响，但是若同时缺失这两个基因则会使肌肉的发育完全不能起始（Rudnicki et al.，1993；Rudnicki et al.，1992）。*MyoG*和*Myf6*在*Myf5*和*MyoD*的下游表达，*MyoG*基因和*Myf6*基因是在肌管和肌纤维的分化、融合过程中起作用，将这两个基因敲除后，成肌细胞能够正常起始，却将无法由成肌细胞分化成肌纤维，从而证明这两个基因是在肌肉分化过程中起作用而非在成肌过程中起作用（Nabeshima et al.，1993；Hasty et al.，1993）。

Muroya等（2005）在细胞分化末期用抗MyoD寡核苷酸DNA处理牛成肌细胞时，发现多核肌细胞的形成受到抑制，诱导4天后，肌凝蛋白和肌钙蛋白的表达量均下降，表明*MyoD*基因与肌细胞的生成有关。孙伟等（2010）通过利用RT-PCR对湖羊*MyoG*基因表达的发育性变化与屠宰性状进行了相关分析，发现*MyoG*基因在肌肉中的表达并非随着日龄增加而增加，而是30日龄前先增加，其后又减少，但 90 日龄后公羊、120 日龄的母羊随着年龄增加又继续增加。Muroya 等（2002）利用半定量 RT-PCR 方法检测牛不同部位的肌肉中 MRFs 的基因表达量，发现在胸肌、腰肌等快肌中 *MyoD* 基因的表达量较高，而在慢型肌凝蛋白较丰富的肌肉中，如舌肌、咬肌等，*MyoD* 基因表达量较小，*Myf5* 表达量的组织差异性与 *MyoD* 恰好相反，*MyoG* 和 *MRF4* 的表达在各组织肌肉中无显著差异。杨晓静等（2006）研究了二花脸猪和大白猪的 MRFs 成员的表达情况发现，*Myf5* 和 *MyoD* 在成肌细胞增殖过程中表达，*MyoG* 在分化末期表达，而 *MRF4* 则在出生后表达。大量学者研究表明（Bober et al.，1991；Braun et al., 1989；Gaillard et al.，1990；Hinterberger and Sassoon，1991），*MRF4* 除了在人体内的心脏、脑等组织有微量表达，在肌肉组织中大量表达外，在其他动物的组织中，*MRF4* 只在骨骼肌中表达。

（二）肌细胞增强因子 2（MEF2）家族对肌肉发育的影响

肌细胞增强因子 2（MEF2）属于 MADS-box 转录因子家族，在肌肉生成、神经系统发育和分化、肝纤维化等方面发挥重要作用。MEF2 基因家族共有 4 个成员，分别为 *MEF2a*、*MEF2b*、*MEF2c*、*MEF2d*。它们的共同特点是均具有一个 N 端的 MADS 结构域及一个 MEF2 结合域，且能够特异性地结合 A/T 富集的保守序列（Buckingham and Vincent，2009）。在脊椎动物的原肠胚期，*MEF2* 参与肌肉组织前体细胞的定向分化，当胚胎形成后与其他肌肉特定调控因子一起调控肌细胞的分化与增殖，并且在由间充质干细胞到最终形成肌纤维的各个时期都起着中枢调控的作用。MEF2 基因家族与 MRFs 间存在直接的相互作用关系，MEF2 能够识别 MRFs 碱性螺旋-环-螺旋结构（bHLH）中的碱基区域，主要通过 MADS-box 与 bHLH 的相互作用来完成。在肌肉的整个发育过程中，MEF2 蛋白能够结合到 MRFs 基因启动子位置诱导 MRFs 基因的大量表达（Black and Olson，1998）。MEF2 还能够通过与 MRFs 成员建立调控网络，互相诱导、激活并维持彼此之间的表达。近来发现，在心脏的发育过程中，MEF2 家族中最早表达的是 *MEF2c*，*MEF2b*、*MEF2a* 和 *MEF2d* 也紧随 *MEF2c* 后而表达。

Naya 等（2002）的研究结果表明了 *MEF2a* 在维持适当的线粒体功能及心肌细胞结构完整性方面起重要作用。Potthoff 等（2007a）和 Potthoff 等（2007b）研究发现，*MEF2c* 能够直接调控 M 线特异蛋白 Myomesin 基因的转录，*MEF2c* 缺失能够导致肌小节不能正确组装，表明 *MEF2c* 对维持肌小节及出生后肌肉功能的完整性具有相当重要的作用。Morisaki 等（1997）发现 *MEF2b* 基因在心脏发育各阶段表达基本相同，而在鼠胚胎早期有表达，到心脏发育的后期表达量有下降的现象，说明 *MEF2b* 基因的表达在不同物种中存在差异，并发现 *MEF2d* 在小鼠胚胎期表达的 MEF2d 蛋白结构上要比出生后心脏组织中表达的 MEF2d 蛋白短一些，分析得到，这与 *MEF2d* 基因的 mRNA 的选择性剪切有关，出生后的小鼠比胚胎期在剪切时多了 b 外显子，此 b 外显子的 *MEF2d* 剪切体随心脏发育成熟表达量逐渐升高，且在小鼠心脏中起主导作用。

第三节 *Dlk1*、*GHR*、*IGF-Ⅰ*、*MSTN*、*MyoG* 基因的研究进展

一、*Dlk1* 基因简介

（一）*Dlk1* 基因的结构、定位与同源性分析

Dlk1（delta-like 1 homolog）基因又称为前脂肪细胞因子（Pref-1）、Scp-1、FA-1、Zog 和 pG2（Laborda，2000）。它是首先在神经母细胞瘤中发现并克隆的基因，全长 1557bp，能够编码 383 个氨基酸。Dlk1 是一个跨膜蛋白，它的膜外区具有 6 个特征性的串联表皮生长因子样重复序列（EGF-like repeat）、1 个跨膜结构域及 1 个胞内区（Passegue et al.，2003）。

Dlk1 基因在人、鼠和绵羊中父源表达，它含有 5 个外显子、4 个内含子（Kobayashi et al.，2000），*Dlk1* 的基因结构在小鼠、人、猪、牛和绵羊中是保守的，是进化中的保守基因。它分别位于人的 14 号染色体（Kobayashi et al.，2000），小鼠的 12 号染色体（Kobayashi et al.，2000），牛的 21 号染色体（Minoshima et al.，2001）及绵羊的 18 号染色体（Charlier et al.，2001）。

（二）*Dlk1* 基因的生物学功能

Dlk1 作为 Notch 信号通路的配体，具有抑制脂肪细胞分化和调节肌肉发育的生物活性。曹贵玲（2008）研究发现，当脂肪细胞分化时，*Dlk1* 在前脂肪细胞中强烈的表达被取消，*Dlk1* 有组织性的表达会抑制脂肪的分化。与此相对应，敲除 *Dlk1* 基因的小鼠会表现出脂肪沉积的增加，以及发育迟缓和骨骼畸形（Moon et al.，2002）。通过以上的结论及对与之功能结构相似的蛋白质的研究说明，*Dlk1* 在细胞命运决定方面起到促进增殖、抑制分化的作用，但是关于 *Dlk1* 基因分子功能的详细信息研究还相对较少。

（三）*Dlk1* 基因在肌肉中表达的研究进展

研究发现，*Dlk1* 在抑制脂肪细胞的分化和肌肉生长等方面发挥重要作用。Moon 等（2002）研究发现，敲除 *Dlk1* 后的小鼠会出现生长发育迟缓、肥胖、骨骼发育畸形等特征；Davis 等（2004）用免疫组化的方法检测 *Dlk1* 基因，发现其在美臀羊后肢和臀部肌肉中高度表达，其肌肉中的脂肪含量明显降低，说明 *Dlk1* 基因在美臀羊脂肪形成过程中可能起到阻碍作用。Murphy 等（2005）研究了产前和产后绵羊所有 4 个可能的表型个体（$N^{MAT}N^{PAT}$、$C^{MAT}N^{PAT}$、$N^{MAT}C^{PAT}$、$C^{MAT}C^{PAT}$）中在背最长肌中的表达，研究表明，与美臀表型相关的 $N^{MAT}C^{PAT}$ 表型的 *Dlk1* 基

因在产后期受影响的绵羊中拥有很高的表达量，而这种表达量的提高只特定出现在 $N^{MAT}C^{PAT}$ 表型的个体中，这些结果首次显示异常基因的表达与美臀表型时间和空间分布相吻合，他们认为美臀突变的影响干扰了 *Dlk1* 基因正常产后表达量的下调。Vuocolo 等（2007）通过对绵羊 12 周龄时期背最长肌 qPCR 的检测发现，$N^{MAT}C^{PAT}$（骨骼肌肥大）表型的个体 *Dlk1* 基因的表达是 $N^{MAT}N^{PAT}$ 表型个体的 17.27 倍，此外还发现 $N^{MAT}C^{PAT}$ 表型的个体表达 T0 期到 T12 期有显著的升高。Joergensen 等（2007）发现异位表达绵羊 *Dlk1* 的转基因小鼠表现全身性肌肉肥大。White 等（2008）分别选取妊娠 80 天、100 天、120 天、出生后 3～5 天及出生后 12 周龄的绵羊样本，在背最长肌上对 $N^{MAT}C^{PAT}$ 和 $N^{MAT}N^{PAT}$ 两种表型进行了荧光定量 PCR，结果显示，*Dlk1* 在两个表型于妊娠 80 天和 100 天的表达没有显著差异，妊娠 120 天时，$N^{MAT}C^{PAT}$ 表型表达显著高于 $N^{MAT}N^{PAT}$ 表型，在产后的两个时期的样本表型间差异显著（$0.01<P<0.05$）。产后 12 周龄，$N^{MAT}C^{PAT}$ 的表达量是 $N^{MAT}N^{PAT}$ 的 14.3 倍。在发育过程中，$N^{MAT}N^{PAT}$ 表型的样本有显著的产后表达下降，在妊娠 120 天首次出现这种表达下降趋势。相反，$N^{MAT}C^{PAT}$ 表型只在出生后几天表达下降，随后表达又继续上升。Fleming-Waddell 等（2009）对美臀羊的 *Dlk1* 基因做了荧光定量方面的相关分析，结果表明，出生后 $N^{MAT}C^{PAT}$ 和 $N^{MAT}N^{PAT}$ 表型的体重都呈线性增长，但是 $N^{MAT}C^{PAT}$ 表型的体重增长的斜率更高，说明此表型个体增长更快。而在背最长肌（肥大肌肉）和棘上肌（非肥大肌肉）*Dlk1* 的荧光定量表达中，出生后个体在背最长肌中 $N^{MAT}C^{PAT}$ 表型的先表达上升，出生 20 天后几乎不再变化，$N^{MAT}N^{PAT}$ 表型个体则表达先下降，随后趋于不再变化；基因型间的差异显著（$0.01<P<0.05$）。而在棘上肌上，两种表型间的个体随年龄增长均没有显著性的差异。Oczkowicz 等（2011）在 Pietrain（皮特兰猪）、Duroc（杜洛克猪）、Landrace（兰德瑞斯猪）、Pulawska（普拉卡猪）、Large White（大白猪）5 个猪品种中进行了荧光定量方面的研究，期待中的最精瘦的 Pietrain 品种应在 *Dlk1* 中具有最高的表达量，但是并没有发现表达上的差异，相反，Pietrain 品种在 *Dlk1* 基因中的表达量是最低的。由于 RYR1（兰尼碱受体 1）能够影响 *IGF2* 的表达，携带 *IGF2* 和 *RYR1* 突变的个体，其 *IGF2* 在背最长肌中的表达要显著低于继承了 *IGF2* 基因突变但 *RYR1* 是纯合子的个体。所以合理的解释就是 Pietrain 品种是 *RYR1* 位点的 C/T 的杂合子。

（四）*Dlk1* 基因其他生物学层次的研究进展

1. *Dlk1* 基因的可变剪接

在人、鼠和牛中发现了 Dlk1-A、-B、-C、-C2、-D、-D2 和-E 几种剪接体。1997 年，Smas 等在小鼠 *Dlk1* 基因中发现 6 种剪接体：Dlk1-A、-B、-C、-C2、-D、-D2（Smas et al.，1997）；Fahrenkrug 等（1999）报道在牛上有-E 的存在；Vuocolo

等（2003）发现牛 *Dlk1* 基因在成年组织中只有-C2 表达，而胚胎组织中有-A 和-C 表达；Deiuliis 等（2006）发现猪中有-B 和-C2 表达；随后杨宗林（2009）发现，猪在生长发育各个阶段主要表达-C2 剪接体，在某阶段也表达-A 或-B。2008 年，曹贵玲发现 *Dlk1* 在山羊成年组织中表达 DLK1-C、DLK1-C2 两种剪接变体（曹贵玲，2008）。不同的剪接变体功能可能不同，如胎儿 *Dlk1-A* 产生的蛋白质经过蛋白酶加工的过程可以释放一个可溶性的 Dlk ecto-domain，而 Dlk1-C2 剪接变体编码的蛋白质由于缺少蛋白酶加工位点，则可能保留并与细胞膜结合。

2. *Dlk1* 基因的印记模式

目前，许多学者认为 *Dlk1* 和 *Gtl2* 的印记模式与 *Igf2* 和 *H19* 的印记模式相同，因为 *Dlk1*、*Gtl2* 与 *Igf2*、*H19* 有如下相似性：①*Dlk1*、*Gtl2* 与 *Igf2*、*H19* 转录方向分别相同，且它们每对之间是相反印记表达；②*Dlk1* 和 *Igf2* 都是父本表达的蛋白编码基因，而 *Gtl2* 和 *H19* 都是母本表达的非编码 RNA；③*Gtl2* 与 *H19* 都含有差异性甲基化区域（DMR），且都是父本甲基化，母本未甲基化；④增强子共有序列均位于 *Gtl2*、*H19* 转录起始位点在下游的大约 8kb 处。

二、*GHR* 基因简介

（一）*GHR* 基因的结构、定位与同源性分析

GHR 是 I 类细胞因子受体超家族（class I cytokine receptor superfamily）中的一员，大多数哺乳动物 *GHR* 基因由 10 个外显子和 9 个内含子组成。它是由单一基因编码的，大约含有 620 个氨基酸的单链跨膜糖蛋白。其中胞外区，即激素结合域，包括 250 个氨基酸，胞内区包括 350 个氨基酸，*GHR* 胞外区含 5 个潜在的天冬酰胺连接的糖基化位点，构成了激素结合域，即与配体结合的部位，还有 23 个赖氨酸连接的泛素化位点（Rico-Bautista，2005；Carter-Su et al.，1996）。这些转录后修饰可使 *GHR* 的分子质量由 70kDa 升高到 100～130kDa。由于 *GHR* 在许多物种中存在 3 个以上可供选择的第一外显子，使得存在几个不同的 5′UTR，这是导致 *GHR* 分子多态性的重要原因之一。胞外区特定的位置含有 7 个半胱氨酸，其中有 6 个形成二硫键，具有维持 *GHR* 胞外区段特定空间结构的作用。在靠近细胞膜位置有一个由 Trp-Ser-Xxx-Trp-Ser 5 个氨基酸残基组成的 WSXWS 样序列（X 为任意氨基酸），这段保守序列可能在 *GH* 与 *GHR* 结合过程中起到稳定空间构象的作用，对 *GH* 与 *GHR* 的结合及其后的信号转导具有非常重要的作用（Gent et al.，2003）。而在胞内区存在两段保守序列，分别为 Box1 和 Box2。Box1 位于靠近细胞膜的位置，由 8 个氨基酸组成，富含脯氨酸，在哺乳动物 *GHR* 中其序列为 ILPPVPVP，是 *GHR* 与酪氨酸激酶 JAK2 结合的一个位点。对截短并发生突变的 *GHR* 的研究表明，Box1 对于形成 *GHR* 与 JAK2 复合物和 JAK2 上酪氨酸残基的

磷酸化是必需的，一旦缺失 *GHR* 上富含脯氨酸的 Box1 序列或者将该序列上的 4 个脯氨酸突变为其他氨基酸都将最终导致生长激素代谢途径的终止，生长激素也将不能够完成其包括葡萄糖运输、蛋白质合成、脂肪代谢、基因转录、细胞增殖在内的生物学功能（Govers et al.，1999），从而影响产奶、产肉等许多性状。Box2 由 15 个氨基酸残基组成，距 Box1 有 30 个氨基酸碱基。存在于 Box1 和 Box2 之间的两个保守的酪氨酸是生长激素刺激蛋白质和脂类合成所必需的。两个保守序列中的任一氨基酸发生突变，都将导致 GH 失去其生物学功能，表明 Box1 与 Box2 在 *GHR* 介导的信号传导过程中起到重要作用。

Leung 等（1987）首次发现 *GHR*，之后克隆出兔的 cDNA。随后人们相继克隆了人、小鼠、大鼠、绵羊、牛、鸡等 20 多种动物的 cDNA。人的 *GHR* 基因定位在第 5 号染色体（邓小松，2008）；绵羊 *GHR* 基因与催乳素受体基因毗邻（Jenkins et al.，2000），位于 16 号染色体同一区域；山羊和牛的 *GHR* 基因都位于 20 号染色体上（Moody et al.，1995），许多物种的 *GHR* 已经被测序，但序列并不相同。牛与绵羊 *GHR* 序列有高度的同源性，达 97%；牛的 *GHR* 与人类有 76%的同源性；鸡的 *GHR* 序列与大鼠、小鼠非同源性达到 44%；鼠与人 70%同源，兔与人 84%同源（邓利等，2001）。

（二）*GHR* 基因的生物学功能

生长激素（GH）是调节动物生长、发育等代谢过程的一个重要内分泌因子，而 *GH* 基因要在组织中和细胞中发挥作用，第一步就要和靶细胞表面的生长激素受体（GHR）结合，由 GHR 介导将信号传入细胞内从而产生一系列的生理效应。GHR 是催乳素、生长激素、细胞因子、促红细胞生成素受体超家族成员之一，经 Jak-Stat 路径介导信号传导，*GHR* 还可以通过以二聚体的形式与 *GH* 相结合，从而制约 *GH* 发挥作用。GHR 在动物全身分布，骨骼肌、脂肪细胞、脾脏、胃肠道等部位均含有较高浓度的 GHR，肝脏中最高（Kopchick and Andry，2000）。*GHR* 在组织中含量的多少、功能是否正常将直接关系到 *GH* 能否正常地发挥生理作用。

（三）*GHR* 基因在肌肉中表达的研究进展

Lewis 等（1999）将猪分为两组，一组肌肉注射生长激素（GH），一组注射生理盐水共 7 天，由于生长激素的注射，在肌肉中 *IGF-1* 的表达量增加，生长激素受体的表达量并没有增加，结果表明，外援性激素的注入，并没有增加 *GHR* 在肌肉中的表达量，这可能是由转录后水平调控或细胞内信号传导机制的差异造成的。Marcell 等（2011）在目前的健康老年男性的研究中，利用荧光定量 PCR 的方法对 *GHR* 和 *MSTN* 在肌肉中的表达相关性进行了分析，结果发现 *MSTN* 和 *GHR* 的表达存在显著的负相关。Zhao 等（2004）利用荧光定量技术研究了二花脸猪和大白猪中 *GHR* 与 *MyHC* 4 个亚型的表达，并研究它们之间的关联，结果显示，*GHR* mRNA 表达与 *MyHC2b* 一致，且在二花脸猪的背最长肌中拥有更高的表达丰度，二花脸猪较大白猪拥有更多的酵解型肌纤维。高萍等（2005）选用蓝塘仔猪为研究对象，发现 *GHR* 基因在背最长肌中的表达出生日显著高于其他日龄，且 *GHR* mRNA 水平与肌肉中的 *IGF-Ⅰ* mRNA 水平呈强正相关，与血液 *IGF-Ⅰ* 呈强正相关。黄治国和谢庄（2009）分别选用 2 日龄、30 日龄、60 日龄、90 日龄的 Kazak（哈萨克羊）公羊及 2 日龄、30 日龄、60 日龄、90 日龄、120 日龄的新疆细毛羊公羊作研究对象，取背最长肌 RNA，进行荧光定量 PCR，以研究 *GHR* 基因在绵羊早期生长发育阶段在背最长肌中的表达情况。研究发现，同品种内 Kazak 和新疆细毛羊中 *GHR* 基因的表达量均为先上升后下降，并且在 30 日龄时达到最高峰；品种间在生长发育的各阶段，Kazak *GHR* 基因的表达量均极显著地低于新疆细毛羊（$P<0.01$）。

（四）*GHR* 基因多态性的研究进展

O'Mahoney（1994）在绵羊 *GHR* 基因启动区的序列转录起始位点下游 88bp 处发现了一个（TG）*n* 的微卫星，包含 18 个 TG 连续重复。Yun 等（1997）采用 PCR-RFLP 方法分析了朝鲜牛 *GHR* 基因多态性与生长性能及胴体性状的关系，结果并未发现与胴体性状相关的标记。Moisio 等（1998）从牛 *GHR* 基因 cDNA 3′侧翼区选择了一条 303bp（编码区 30bp、非编码区 273bp）进行 PCR 扩增，发现 *GHR* 基因的侧翼区有 311bp、320bp 及 325bp 的 3 种长度变异和 1 个碱基替代多态性，且报道了 *GHR* 基因多态性与意大利荷斯坦奶牛的乳蛋白百分含量有关。Aggrey 等（1999）在 *GHR* 5′UTR 检测到 3 个单核苷酸多态性（SNP）位点。Hale 等（2000）在安格斯牛群中发现了 *GHR* 基因启动区的微卫星多态性，并得出 S 等位基因与安格斯牛群低生长率相关。Blott 等（2003）报道了荷斯坦弗里生牛 *GHR* 基因部分编码区和内含子内发现了 7 个 SNP 位点，其中第 8 外显子中的 SNP 导致受体跨膜区的 F279Y 氨基酸的替换，从而影响了牛的产奶性状。Andrzej 等（2006）对 *GHR* 基因的 5′UTR 的 4 个 SNP 与波兰荷斯坦牛产肉性能进行了单个和合并基因型的相关研究，发现单个基因型对生产性能没有影响，合并基因型分析发现，多态性对牛的饲料利用率及屠体重有较大影响，且差异显著（$0.01<P<0.05$）。张春香等（2007）采用 PCR-SSCP 方法检测 392 只南江黄羊和 49 只波尔山羊 *GHR* 基因 5′调控区多态性，并与体重性状进行关联性分析，经最小二乘分析，两个山羊群体中基因型效应对初生重的影响不显著，对周岁体重影响显著。马志杰等（2007）对欧拉型藏绵羊生长激素受体（GHR）基因 5′侧翼区进行了 T-A 克隆和序列测定，结果表明，欧拉型藏绵羊 *GHR* 基因启动子 P1 区存在 C/EBP、C/EBPb、SP1、Cap、USF、HFH-2、HNF-3b、Oct-1 等多个潜在的转录因子结合位点。王利心（2008）在山羊 *GHR* 基因第 9 外显子发现了 AA 和 AB 两种基因型，*GHR* 不同的基因型对波尔山羊和杂交三代生长性状没有显著影响，杂交一代 3 月

龄 AB 型显著高于 AA 型，杂交二代 3 月龄体长 AB 型显著高于 AA 型。李乔乐（2009）以波尔山羊为主要研究对象，对 *GHR* 基因外显子 4、5、6、7、10 进行扩增，并利用 PCR-SSCP 技术进行了多态性研究，结果表明，样本内确实不存在 *GHR* 基因的外显子 4、5、6、7、10 的多态性位点。张浩（2010）对 *GHR* 基因外显子 9 和 10 进行了 PCR 扩增，并利用 PCR-SSCP 技术进行了检测，结果显示，外显子 9 位点未发现多态性，外显子 10 发现 AA、AB 两种基因型，AB 型 634 位 G/A 突变，805 位的 A/C 突变，该突变未引起氨基酸的变化，为沉默突变。李聚才等（2011）采用 PCR-RFLP 对宁夏六盘山区肉牛杂交改良群体 *GHR* 基因的多态性进行了研究，共检测到两种基因型：AA、AB，其中 A 为优势等位基因，AA 基因型为优势基因型。

三、*IGF- Ⅰ*基因简介

（一）*IGF- Ⅰ*基因的结构、定位与同源性分析

胰岛素样生长因子-Ⅰ(insulin-like growth factor-Ⅰ)是机体生长、发育和代谢的一个重要调控因子，同时也是生长激素发挥促生长作用的重要调节因子（Wang and Price，2003）。IGF-Ⅰ是一个由 70 个氨基酸组成的单链碱性蛋白，分子质量为 7649Da，耐热，其结构与胰岛素原（proinsulin）相似（Baxter，2001）。*IGF- Ⅰ*的一级结构由 4 个区域构成：B、C、A、D，氨基末端的 B 区域和 A 区域由一个较短的连接性的 C 区域隔开。与胰岛素原不同的是，还有一个 D 区域连接在羧基末端。而从三级结构看，虽然亲和力很低，但它能够与胰岛素受体结合，却不能与胰岛素抗体结合。IGF-Ⅰ分子有 3 对二硫键，Cys6-Cys48 位于分子表面，Cys18-Cys61 和 Cys47-Cys52 之间的二硫键则全部包埋在蛋白质的核心（Rotwein，1991）。IGF-Ⅰ分子含有 3 个 α 螺旋（Akihiro and Shigeori，1992）：第一个螺旋位于残基 8～17，经过 Gly19-Gly22 的 β 转角构象后是 Phe23-Asn26 的一个延展结构；第二个螺旋位于残基 44～49；第三个螺旋位于残基 54～59，看起来很不规则。IGF-Ⅰ的疏水核心周围由于包绕着 3 个螺旋和一些多肽骨架，所以远离溶剂。

鸡的 *IGF- Ⅰ*基因位于 1 号染色体，鼠的 *IGF- Ⅰ*基因位于 10 号染色体，牛的 *IGF- Ⅰ*基因位于 5 号染色体，猪的 *IGF- Ⅰ*基因位于 5 号染色体，人的 *IGF- Ⅰ*基因位于 12 号染色体（薛慧良，2004），绵羊 *IGF- Ⅰ*基因在染色体上的位置还未公布。不同种属来源的 IGF-Ⅰ蛋白序列高度同源，进化上相当保守，鸡与猪、人有 8 个氨基酸的差异，人、牛、猪的 IGF-Ⅰ完全相同。

（二）*IGF- Ⅰ*基因的生物学功能

一般认为，*IGF- Ⅰ*是哺乳动物和禽类真正的生长调节因子，*GH* 的促生长作用是通过 *IGF- Ⅰ*介导的（Orita et al.，1989）。IGF 系统是胚胎和动物出生后生长

的主要决定因素，而出生后的生长主要由 *GH* 来调控。原始的生长介质假说认为，由垂体分泌的 *GH* 刺激合成和释放 *IGF-Ⅰ*。*IGF-Ⅰ*通过作用于靶组织达到促进机体生长的效应。后来发现肝以外的组织也能产生 *IGF-Ⅰ*，使得人们认识到 *IGF-Ⅰ*可能还以旁分泌的方式作用于局部组织细胞（Maes et al.，1984）。*IGF-Ⅰ*通过与 *IGF-Ⅰ*受体（IGF-ⅠR）结合而发挥生物学效应，而两者的相互作用通过 IGFBP 调节（Yakar et al.，2002）。研究证明，游离的 *IGF-Ⅰ*更能显示其生物学作用。血液中的 *IGF-Ⅰ*也可以反馈调节自身的分泌，可直接作用于垂体或下丘脑，抑制 GH 的合成与分泌，起负反馈作用。*IGF-Ⅰ*对动物的生长发育和繁殖都有促进的作用，已证明哺乳动物的 *IGF-Ⅰ*基因是介导 GH 促生长效应的主要因子。

（三）*IGF-Ⅰ*在肌肉中表达的研究进展

Brameld 等（2000）通过对怀孕 28～80 天的母羊进行饮食营养限制的实验发现，在胎儿的骨骼肌中，*IGF-Ⅰ*的 mRNA 丰度并没有由于产妇营养的改变而受到影响，也没有由于妊娠期的增加而降低。Georgiana（2004）选取 77 日龄、105 日龄、133 日龄、161 日龄的东弗里斯兰羊和陶赛特羊的杂交羔羊作研究对象，对夹肌和半腱肌中 *IGF-Ⅰ*的表达进行荧光定量的分析，发现在 105 日龄、133 日龄、161 日龄的羔羊中，夹肌的重量显著高于半腱肌（$0.01<P<0.05$），*IGF-Ⅰ*的浓度在 77 日龄时高于其他日龄羔羊。韦建福等（2004）将谷胱甘肽（GSH）作为饲料添加剂直接添加于黄羽肉鸡日粮中，利用半定量 RT-PCR 法检测 *IGF-Ⅰ*基因在肌肉组织中的表达，结果显示，在日粮中添加适宜剂量的 GSH 可以提高黄羽肉鸡肌肉组织中 *IGF-Ⅰ*mRNA 的水平。高萍等（2005）选用蓝塘仔猪做研究对象，发现 *IGF-Ⅰ*基因在背最长肌中的表达出生日显著高于其他日龄，且 *GHR* mRNA 水平与肌肉中的 *IGF-Ⅰ*mRNA 水平呈强正相关，与血液 *IGF-Ⅰ*呈强正相关，提示肌肉可能也是血液 *IGF-Ⅰ*的来源之一。刘晨曦（2007）以小尾寒羊×杜泊羊羔羊作为实验对象，采集从出生到 7 周不同发育时期肱二头肌，利用 RT-PCR 技术对 *IGF-Ⅰ*及相关基因在出生后不同时期羔羊肱二头肌中的表达规律进行了定量分析。结果显示，出生时 *IGF-Ⅰ*的表达水平最高，随后于 1 周时降至出生时的一半，后期表达变化不大，于 7 周时达到最小值。黄治国和谢庄（2009）分别选用 2 日龄、30 日龄、60 日龄、90 日龄的 Kazak（哈萨克公羊）及 2 日龄、30 日龄、60 日龄、90 日龄、120 日龄的新疆细毛羊的公羊作研究对象，取背最长肌 RNA 进行荧光定量 PCR，以研究 *IGF-Ⅰ*基因在绵羊早期生长发育阶段在背最长肌中的表达情况。研究发现，两个绵羊品种肌肉 *IGF-Ⅰ*mRNA 表达发育变化模式差异较大（$0.01<P<0.05$），哈萨克羊表达量在整个研究时期均处于较低水平且较为平稳，仅 30 日龄略有上升，然后降回基线；新疆细毛羊 *IGF-1* mRNA 表达量波动较大，2 日龄较高，30 日龄略有下降，60 日龄上升到最高峰，90 日龄又降至最低水平，然后又回升，各日龄绵羊 *IGF-Ⅰ*mRNA 表达量差异显著，哈萨克羊 *IGF-Ⅰ*mRNA

的表达量在 2～60 日龄均极显著低于新疆细毛羊（$P<0.01$），在 90 日龄时显著高于新疆细毛羊（$0.01<P<0.05$）。顾以韧等（2009）采用荧光定量 PCR 技术检测了长白猪和梅山猪的背最长肌组织中 *IGF-Ⅰ*基因 mRNA 丰度在初生、1 月龄、2 月龄、3 月龄、4 月龄和 5 月龄间的表达，并分析了不同月龄基因表达的差异及其对肌肉生长发育的影响，结果表明，两种猪出生后 *IGF-Ⅰ*mRNA 表达量均表现为逐渐上调，这点与 *IGF-Ⅰ*主要在动物个体出生后才发挥促进细胞增殖和个体发育功能特点相符。不同的是长白猪 *IGF-Ⅰ*除在 3 月龄表达略有下降外，其余时期表达量均为依次升高，并于 5 月龄达到最高值，而梅山猪则在 3 月龄达到表达的最高值，随后 4 月龄略有下降，5 月龄又有所回升。

（四）*IGF-Ⅰ*基因多态性的研究进展

国内外均对 *IGF-Ⅰ*基因的多态性做过大量研究，其中在猪、鸡和牛上相对最多。Casas-Carrillo 等（1997）以 6 头公猪与 18 头无血缘关系母猪杂交的群体为研究对象，分析染色体上与 *GH* 基因和 *IGF-Ⅰ*基因连锁的多态性位点与几个生长性状和胴体性状的关系，结果显示，在一个公猪家系发现 *IGF-Ⅰ*基因连锁区标记位点的多态性与断奶后的日增重有连锁关系。方美英等（1999）以 5 头地方猪和 1 头杜洛克猪为研究对象，采用 PCR-RFLP 方法对 *IGF-Ⅰ*基因多态性进行了分析，在地方猪种检测到两个等位基因，且在不同猪种中存在显著的基因型频率差异（$0.01<P<0.05$）。王文君等（2002）以 92 头南昌白猪和 170 头大约克夏猪为研究对象，采用 PCR-RFLP 技术对 *IGF-Ⅰ*基因的多态性进行了研究，并分析了对不同月龄重、料重比、背膘厚和瘦肉率的影响，结果表明，共检测到三种基因型：AA、AB、BB，在南昌白猪中，AA 型猪比 AB 型猪初生重大，差异显著（$0.01<P<0.05$）；在大约克夏猪中，BB 型猪比 AB 型猪的 6 月龄体重大，差异显著（$0.01<P<0.05$）；AA 型猪比 AB 型和 BB 型猪瘦肉率低，差异极显著（$P<0.01$）。Amills 等（2003）对 *IGF-Ⅰ*基因 5′UTR 的 Hinf1 位点多态性进行了研究，结果表明，其与鸡的 107 日龄的平均日增重及 44 日龄、73 日龄和 107 日龄采食量显著相关（$0.01<P<0.05$）。薛慧良（2004）对猪的 *IGF-Ⅰ*基因做了 SNP 分析，发现外显子 3 和 4 存在多态性，结果显示，*IGF-Ⅰ*基因外显子 3 的基因型效应对背膘厚的影响达到了显著水平（$0.01<P<0.05$）。李长春等（2005）以藏鸡为研究对象，采用 PCR-RFLP 技术对 *IGF-Ⅰ*基因的 5′UTR 的两个位点做了多态性分析，发现 *IGF-Ⅰ*基因具有 Hinf1 和 Pst1 多态现象，并分析了不同基因型与生长性状的关系，方差分析结果显示，品种对所分析的 17 个生长发育性状都有显著或极显著影响（$0.01<P<0.05$ 或 $P<0.01$），性别对 6 个生长发育性状有显著或极显著影响（$0.01<P<0.05$ 或 $P<0.01$），而基因型或单倍型组合对 5 个生长发育性状（初生重、2 周龄体重、2 周龄胫围、7 周龄体斜长及 16 周龄胫围）有显著或极显著影响（$0.01<P<0.05$ 或 $P<0.01$）。沈华和王金玉（2006）采用 PCR-SSCP 方法进行了 SNP 检

测和基因型分析，并讨论了 *IGF- I* 多态性与鸡生长性状之间的关系，结果显示，个体的 1 日龄、4 周龄、12 周龄及 300 日龄成年体重在不同基因型之间均存在显著差异（0.01＜*P*＜0.05）。肖书奇等（2007）采用 PCR-SSCP 技术检测了 30 头松辽黑猪 *IGF- I* 基因第四外显子的多态性，并对不同基因型与生长和胴体性状的关系进行分析，结果表明，*IGF- I* 基因对松辽黑猪的平均日增重、瘦肉率和平均背膘厚等 3 个性状有显著的遗传影响（0.01＜*P*＜0.05）。魏笑笑等（2008）采用 PCR-RFLP 技术对琅琊鸡胰岛素样生长因子 2 I （IGF2 I ）5′UTR *Pst* I 酶切位点的多态性与生长发育的相关性进行分析，结果表明，琅琊鸡该位点存在两种等位基因（A 和 B），基因频率分别为 61.7%和 38.3%，其中 A 等位基因是有利基因，AA 型个体活重、半净膛重和脂肪含量极显著高于 BB 型（*P*＜0.01），其屠体重、全净膛重、腿肌重和胸肌重显著大于 AB 型和 BB 型（*P*＜0.05），其剪切力和失水率也高于 BB 型（*P*＜0.05，*P*＜0.01）。刘大林等（2009）采用 PCR-SSCP 技术，对京海黄鸡的 *IGF- I* 基因的 5′UTR 和第一外显子 SNP 和基因型进行了检测，结果表明，*IGF- I* 基因 5′UTR 发现一个突变，活重、腿肌重、半净膛重和全净膛重在不同基因型之间均存在显著差异（*P*＜0.05），AA 基因型个体显著高于 BB 基因型个体。周明亮（2009）采用 SSCP 技术研究了 *IGF- I* 基因外显子前导区和外显子 3 的 SNP 位点，结果表明，P-1 的 SNP 位点与凉山半细毛羊的初生体重存在显著相关，P-2 的 SNP 位点与断奶体重和断奶日增重存在极显著相关。

四、*MSTN* 基因简介

（一）*MSTN* 基因的结构、定位与同源性分析

肌肉生长抑制素（myostatin，*MSTN*），简称肌抑素，又称 GDF-8，作为 TGF-β 超家族的一员，它是骨骼肌生长发育的负调控因子。*MSTN* cDNA 由一个可读框和编码 376 个氨基酸的核苷酸序列组成，包含 3 个外显子和 2 个内含子，其中第三外显子是它的成熟区（McPherron and Lee，1997）。*MSTN* 具有 TGF-β 超家族的典型结构特征，同样也是先合成前体蛋白质（52kDa），包括：N 端疏水信号肽序列，可借以跨越内质网膜；前区的糖基化位点；在 N 端区和 C 端区之间由 4 个氨基酸（精氨酸、丝氨酸、精氨酸和精氨酸）组成的蛋白酶加工位点及 C 端由 9 个保守的半胱氨酸形成的“Cys Knot”结构，靠分子间的二硫键形成二聚体，之后与细胞膜上的受体结合，经过 3 种 Sand 蛋白的介导，再经过信号转导传入细胞，最后作用于靶基因的调控区，完成生物学功能（McPherron et al.，1997）。

牛 *MSTN* 基因位于 2 号染色体（Smith et al.，1997），猪 *MSTN* 基因位于 15 号染色体（Sonstegard et al.，1998），绵羊的 *MSTN* 基因位于 2 号染色体（Marcq et al.，1998），鸡的 *MSTN* 基因位于 7 号染色体（Sazanov et al.，1999），人的 *MSTN* 基因位于 2 号染色体上（Gonzleza-Cadavid et al.，1998）。经过同源性分析可以看

出，*MSTN*在不同物种间具有高度的保守性，就C端而言，小鼠、大鼠、人、猪、鸡、火鸡的同源性为100%；狒狒、牛和绵羊也只有1～3个碱基的区别；斑马鱼与其他的动物有88%的同源性（Szabo et al.，1998）。

（二）*MSTN*基因的生物学功能

*MSTN*有以下生物学功能：①*MSTN*对肌肉的生长起负调控作用。McPherron等（1997）在小鼠上发现肌肉生长抑制素对骨骼肌的生长有调节作用（负调节因子）。②*MSTN*对肌肉再生起作用。Wagner等（2002）用*MSTN*完全突变的小鼠与肌肉萎缩型小鼠杂交，发现*MSTN*基因完全缺失的肌肉萎缩型小鼠与非缺失的萎缩型小鼠相比，更为强壮，肌肉更多，肌肉间的隔膜表现出更少的纤维样变形，表明*MSTN*缺失对肌肉再生有作用。③*MSTN*能促成肌肉萎缩。Gilson等（2007）通过对人慢性废用性肌肉萎缩中*MSTN* mRNA表达量的研究，发现*MSTN*是促成2A、2B型萎缩的肌肉萎缩因子。④*MSTN*对脂肪沉积起抑制作用。McPherron等（1997）的研究证明*MSTN*能促进多能间充质干细胞分化成脂肪细胞，并抑制肌肉的形成。

（三）*MSTN*基因在肌肉中表达的研究进展

Kambadur等（1997）研究发现，牛胚胎从15天至29天均可检测到很低水平*MST*N基因的mRNA，31天后表达增加，且成年牛肌肉中*MSTN*的表达比胎儿期少。Ji等（1998）利用Northern杂交的方法在胎儿21天和35天时能检测到*MSTN*的表达，并且49天时表达量明显增大，在妊娠期105天开始，胎儿体内的*MSTN*表达量开始明显下降，出生后两周达到最低水平，随后*MSTN*的表达量又上升。白素英等（2004）进行了不同个体的多次重复实验，结果表明，*MSTN*基因mRNA在三种肌肉组织中的表达量明显不同：骨骼肌和心肌表达量较高，平滑肌中表达量极少。杨晓静等（2006）利用相对定量RT-PCR技术研究了大白猪和二花脸猪背最长肌中*MSTN*表达的发育性变化，并进行品种及性别间的比较，研究结果表明，大白猪公猪*MSTN* mRNA表达水平在20日龄时达到高峰且显著高于相同日龄二花脸公猪，二花脸公猪到45日龄才显著升高（$0.01<P<0.05$），其他日龄品种间差异不显著。二花脸公猪和母猪出生后*MSTN*的表达量均为上升，在45日龄达到高峰，120日龄公母猪间差异显著。刘晨曦（2007）以小尾寒羊×杜泊羊羔羊作为实验动物，采集从出生到7周不同发育时期肱二头肌，利用RT-PCR技术对*MSTN*及相关基因在出生后不同时期羔羊肱二头肌中的表达规律进行了定量分析，结果显示，*MSTN*于7天时表达水平最高，是出生时的3倍，随后于14天时急剧下降，此时只有7天时的1/7，后有小幅升高，于7周时降至最低水平。龙定彪（2008）采用荧光定量PCR方法，对汉普夏猪和长撒猪在不同体重阶段时背最长肌的*MSTN*基因表达量进行了研究，结果表明，20kg后猪背最长肌中*MSTN*基

因的表达量随体重的增加呈上升的趋势，而 100kg 后的猪的 *MSTN* 的表达与瘦肉率呈极显著负相关。孙伟等（2010）通过对湖羊背最长肌 *MSTN* 表达量的分析发现，*MSTN* 基因对于出生后湖羊早期骨骼肌的生长发育并非一直起负调控或正调控作用，就湖羊而言，其在 60 日龄之前随着活体重和屠宰性状数据的增加，*MSTN* 的表达量增加，60 日龄后，随着肌肉重量的增加，表达量减少，且 *MSTN* 基因的表达水平与宰前活重、胴体重和净肉重呈正相关。梁婧娴等（2011）研究了 *MSTN* 基因在藏系绵羊不同年龄、不同组织中的表达差异，结果显示，*MSTN* 基因在 6 月龄藏系绵羊的相对表达量最高，是 12 月龄藏系绵羊的 2.52 倍、是羔羊的 2.24 倍、是 9 月龄的 1.30 倍（$0.01<P<0.05$），且 *MSTN* 基因在腿肌中的表达量最高，其他组织几乎未表达，在腿肌中的表达量是其瘤胃的 3984.78 倍，是心肌的 602.69 倍（$P<0.01$）。

（四）*MSTN* 基因多态性的研究进展

Marcq 等（1998）分析了特克赛尔双肌绵羊的遗传机制，与普通绵羊相比，双肌羊的 *MSTN* 基因编码区没有碱基的差异，但是采用该基因侧翼序列的微卫星标记进行连锁分析，发现在绵羊 2 号染色体长臂远端区存在 1 个对肌肉发育产生效应的数量性状位点（QTL）。Saitbekova 等（1999）用牛的 20 个微卫星引物进行扩增，分析了 8 个瑞士山羊品种及 Ceole 山羊、北山羊和角骨羊的遗传多态性，结果显示，家山羊群体的平均杂合度比北山羊和角骨羊群体高。Yang 等（1999）用 6 个微卫星标记分析了我国 5 个地方山羊品种的亲缘关系，表明此 5 个山羊品种的遗传关系与品种历史、地理起源是一致的。刘铮铸等（2006）采用限制性内切核酸酶 *Mnl* Ⅰ对山羊 *MSTN* 基因的 379bp 扩增产物进行了 PCR-RFLP 分析，证实山羊 *MSTN* 内含子 2、外显子 3（379bp）区域存在多态性。孟详人等（2008）利用 PCR-RFLP 技术对 11 个绵羊品种 *MSTN* 基因非编码区的变异进行了多态性分析，结果表明，CC、CT 和 TT 这 3 个基因型在 11 个绵羊品种中的分布差异极显著（$P<0.01$）。程婷婷（2008）采用 PCR-RFLP 技术检测到天府肉羊、波尔山羊 *MSTN* 基因 *Eco*RⅤ酶切位点多态性，产生 AA、AB 两种基因型，生产性能相关分析表明，在 *Eco*RⅤ基因座位上 AA 基因型个体的体高和初生重显著高于 AB 型个体（$0.01<P<0.05$），因此不携带等位基因 B 个体的体高和初生重更具优势。傅泽红等（2008）采用限制性内切核酸酶 *Dra* Ⅰ对 8 个绵羊、山羊群体中 *MSTN* 基因 5′UTR 进行 PCR-RFLP 分析，结果表明，所有绵羊群体中只存在 BB 一种基因型；而在山羊群体中均检测到 3 种基因型，其中波尔山羊、长江三角洲白山羊以 AA 型居多，AB 型次之，BB 型很少；黄淮山羊则以 AB 型居多，BB 型次之，AA 型较少。该结果为进一步研究 *MSTN* 基因对山羊生长性状的影响奠定了基础。刘铮铸等（2010）采用 PCR 和直接测序的方法对我国 9 个地方绵羊品种和 1 个引入品种共计 60 个个体进行了 *MSTN* 基因内含子 2 和外显子 3 的 SNP 检测单倍型

分析，结果共发现 15 个 SNP，全部存在于内含子 2 中，且检测到 12 种单倍型，并推测单倍型Ⅷ可能与绵羊的产肉性能有关。朱红刚等（2011）采用 PCR-RFLP 方法对 67 只贵州小香羊 *MSTN* 基因内含子 2 和外显子 3 进行了多态性分析，结果表明，所扩增内含子 2 中存在 *Bsp*1286 Ⅰ 酶切多态位点，共检测到三种基因型：AA、AB、BB，其中 AB 为优势基因型；所扩增内含子 2 和外显子 3 中存在 *Bst*B Ⅰ 酶切多态位点，杂合型（CD）为优势基因型，纯合野生型（CC）和纯合突变型（DD）为非优势基因型，D 等位基因为优势基因。刘桂芬等（2011）采用 PCR-SSCP 方法对 578 头渤海黑牛的 *MSTN* 基因的编码区进行分析，结果显示，共检测到三种基因型：AA、AB、BB，经过不同基因型与体尺性状的关联性分析发现，AA 型所对应的头长显著高于 AB 型和 BB 型，AA 型所对应的胸围极显著高于 AB 型和 BB 型，AA 型所对应的腰角宽极显著高于 AB 型和 BB 型。

五、*MyoG* 基因简介

（一）*MyoG* 基因的结构、定位与同源性分析

肌细胞生成素（MyoG）是生肌调节因子家族（MRFs）中的一员，是肌细胞终末端分化的关键因子，能够在调控肌细胞生成的过程中起核心作用，其表达也可以终止成肌细胞的增殖，调节单核成肌细胞融合为多核肌细胞的过程（Sonstegard et al.，1998）。*MyoG* 的结构特点与 *MyoD* 家族结构一样，氨基酸序列都有一个由 70 个残基组成的同源片段（同源性达 80%）、一个富含精氨酸和赖氨酸的碱性区和一个紧邻的碱性螺旋-环-螺旋（bHLH）结构。相邻的碱性区含有 12 个氨基酸残基，为 DNA 结合的生肌识别基序（MRM）（Davis et al.，1990；Piete et al.，1990）。

猪的 *MyoG* 基因位于 9 号染色体（Ernst et al.，1998），牛的 *MyoG* 基因定位在 16 号染色体（Bever et al.，1997），根据 GenBank 报道，人的 *MyoG* 基因位于人的 1 号染色体，小鼠、狗、挪威鼠、鸡的该基因分别位于 1 号、7 号、13 号、26 号染色体上，绵羊 *MyoG* 基因在染色体上的位置还未公布。国内外的研究表明，猪 MyoG 氨基酸序列与人类和小鼠的 MyoG 氨基酸序列的同源性分别为 97%和 96%，且三者在 bHLH 结构域的氨基酸序列完全相同（Soumillion et al.，1997）。从转录起始位点上 160bp 处起将猪的 *MyoG* 基因序列与人类和小鼠 *MyoG* 基因的序列进行比较，发现它们均有 96%的同源性。

（二）*MyoG* 基因的生物学功能

Yablonka-Reuveni 和 Paterson（2001）利用多克隆抗体反转录技术，研究 *MyoG*、*MyoD* 基因在鸡胚胎型成肌细胞和成年型成肌细胞培养物中从增殖到分化过程的表达。实验的结果证实了胚胎型和成年型成肌细胞可能代表不同表型的群体假说。

胚胎型成肌细胞 *MyoG* 可能在终末分化，在成年型成肌细胞中 *MyoG* 可能在生肌细胞谱系的早期表达。*MyoG* 可以调节其自身的表达，也能够与其他 *MyoD* 家族的成员相互作用，调节彼此基因表达，如 *MyoG* 可以调节 *MRF4* 基因的表达，因此，*MyoG* 基因的遗传变异可能与肌肉生成相关，并最终导致产肉量与肉质的变异（仇雪梅等，2002）。*MyoG* 是生肌调节因子家族中最重要的一员，调控着中胚层细胞分化成肌细胞，再由成肌细胞融合为肌纤维这一过程。*MyoG* 基因是 MRF 基因家族中唯一在所有骨骼肌肌细胞系中均可表达的基因（Hasty et al.，1993）。

（三）*MyoG* 基因在肌肉中表达的研究进展

杨晓静等（2006）利用相对定量 RT-PCR 方法研究了大白猪和二花脸背最长肌 *MyoG* 基因表达的发育性变化并进行品种及性别间的比较，研究结果表明，二花脸公猪与大白公猪 *MyoG* mRNA 的表达发育模式基本相同，均在 20 日龄达到最高值，品种间的差异不显著，90 日龄二花脸母猪 *MyoG* mRNA 表达水平较公猪显著下调（$0.01<P<0.05$）。White 等（2008）分别选取妊娠 80 天、100 天、120 天、出生后 3～5 天及出生后 12 周龄的绵羊样本，在背最长肌上对 NC^{PAT}（骨骼肌肥大表型个体）和 NN 两种表型进行荧光定量 PCR，结果显示，*MyoG* 在两个表型在妊娠 80 天和 100 天的表达没有显著的差异，妊娠 120 天时，NC^{PAT} 表型表达显著高于 NN 表型（$0.01<P<0.05$），在产后的两个时期的样本表型间差异不显著（$P>0.05$），在发育的过程中，NN 表型和 NC^{PAT} 的样本有显著性的产后抑制，均在妊娠 120 天首次出现这种抑制，表达量显著降低（$0.01<P<0.05$），且连续下降到出生后的第 12 周，出生后的 *MyoG* 都一直处于一个较低水平的表达。贾径（2009）利用荧光定量 PCR 技术检测了 *MyoG* 基因在鸭胚 10 天、14 天、18 天、22 天、27 天和出壳后 7 天的腿肌、胸肌组织中的表达情况，在腿肌组织中，*MyoG* mRNA 水平在鸭胚 14 天达到高峰，在 27 天达到最低，出壳后 7 天又升高；在胸肌组织中，该基因的表达在鸭胚 14 天达到高峰，随后呈现下降的趋势，*MyoG* mRNA 水平在 27 天明显低于出壳后 7 天。单立莉等（2009）运用半定量 RT-PCR 方法对金华猪和长白猪的不同生长阶段背最长肌中 *MyoG* 基因 mRNA 的表达丰度进行了检测，发现金华猪背最长肌中 *MyoG* 基因的表达随着年龄和胴体瘦肉率增加而增加，且 *MyoG* 基因表达与胴体瘦肉率呈正比，而长白猪中此基因的表达则恰好相反。孙伟等（2010）利用 RT-PCR 技术对湖羊 *MyoG* 基因表达的发育性变化与屠宰性状进行了相关分析，发现 *MyoG* 在肌肉中的表达并非随着日龄增加而增加，而是 30 日龄前先增加，其后又减少，但 90 日龄后公羊、120 日龄的母羊随着年龄增加又继续增加，且 *MyoG* 基因的表达水平与宰前活重、胴体重和净肉重呈正相关。

（四）*MyoG* 基因多态性的研究进展

Soumillion 等（1997）用 PCR-RFLP 技术检测 *MyoG* 等位基因，发现一个 *Msp* I

酶切位点位于 3′端，一个 *Msp* I 酶切位点位于第二内含子内，一个为梅山猪特异性 *Msp* I 酶切位点位于启动子内。te Pas 等（2000）研究表明，猪背膘厚与 *MyoG* 基因表达量呈负相关。高勤学等（2005）利用 PCR-RFLP 技术对 33 头申农 1 号猪 *MyoG* 基因进行分型，结果发现不同基因型猪半腱肌和半膜肌肌纤维密度有显著差异（$0.01<P<0.05$），其中 NN 型肌纤维密度高于其他基因型。薛慧良等（2007）采用 PCR-SSCP 方法对 5 个猪品种 *MyoG* 基因 3′端的遗传多态性进行了检测，并研究了该基因对初生重、断奶重、6 月龄重和背膘厚的影响，结果显示，BB 基因型与其他两种基因型比较有较大的初生重，同 AA 型和 AB 型比较差异极显著（$P<0.01$）。蔡兆伟等（2008）利用 PCR-RFLP 技术分析了三个猪品种 *MyoG* 基因型与胴体和肉质性状的相关性，结果显示 *MyoG* 对岔路猪胴体重、后腿重、胴体长等性状有显著影响（$0.01<P<0.05$）。刘铮铸等（2009）利用 PCR-RFLP 技术首次在山羊 *MyoG* 内含子 2 区域发现了多态性。赵青等（2010）利用 PCR-RFLP 技术研究了金华猪 *MyoG* 各基因型与生长速度的相关性，结果表明，不同基因型间的个体初生重、1～6 月龄重差异不显著（$P>0.05$）。薛梅等（2011）研究了 *MyoG* 第三外显子及其侧翼区的多态性，并分析其与牛部分体尺性状的相关性，结果发现，第三外显子及其侧翼区的扩增片段中存在三种基因型（AA、BB、AB），各群体 AA 基因型个体的体斜长均显著高于 BB 基因型个体（$0.01<P<0.05$）；鲁西牛群体重 AA 基因型个体尻长显著高于 BB 型（$0.01<P<0.05$）；郏县红牛群体中 AA 基因型个体的体高显著高于 BB 基因型（$0.01<P<0.05$）。

第二章　*Dlk1*、*GHR*、*IGF-Ⅰ*、*MSTN*、*MyoG* 基因在湖羊背最长肌中的表达趋势分析

第一节　*Dlk1* 基因在背最长肌中的表达分析

一、实验设计

实验羊只均购自苏州市种羊场。实验湖羊涉及 6 个阶段，包括：2 日龄、1 月龄、2 月龄、3 月龄、4 月龄、6 月龄，每阶段 3 公 3 母共 36 只，每个阶段选择饲养条件相同、生长发育良好、体重相近、日龄相近（出生日期相差不超过 5 天）羊进行屠宰，屠宰前 24h 停食、2h 停水。并采集 6 月龄陶赛特羊 6 只（3 公 3 母）作为对照群体。快速采集背最长肌后于液氮罐保存，4h 内运回实验室，同时记录屠宰羊宰前活重、胴体重和净肉重。

实验采用的主要试剂及试剂盒有：r*Taq* 酶、dNTP、PrimerScript RT reagent Kit、SYBR Green Realtime PCR Master Mix（购自 TaKaRa 公司）；焦炭酸二乙酯（DEPC）（购自北京百泰克公司）；Trizol（购自 Invitrogen 公司）；Goldview 核酸染料（购自 SBS Genetech 公司）。

引物由 primer express 2.0 软件设计，由上海英俊生物技术有限公司合成。

实验采用的主要仪器设备有：Centrifuge 5804R 冷冻离心机；Minispin 离心机（德国 Eppendorf 公司）；SW-CJ-1F 单人双面超净工作台（苏州净化设备有限公司）；DHG-9203A 型电热恒温鼓风干燥箱（上海精宏设备有限公司）；YDS-6 型液氮生物容器（成都金凤液氮容器有限公司）；恒温金属浴 CHB-100（杭州博日科技有限公司）；THZ-22 台式恒温振荡器（江苏太仓市实验设备厂）；901B 磁力搅拌器（上海司乐仪器有限公司）；SIM-F124 制冰机（日本三洋）；XW-80A 微型漩涡混合仪（上海沪西分析仪器厂有限公司）；ABI7900 型荧光定量 PCR 仪（ABI 公司）。

实验器皿的处理注意事项：所有的采样器具及 RNA 操作台均进行无 RNA 酶处理；金属盒玻璃器具充分洗净后，在 200℃烘箱中烘烤 5h；塑料试管、吸头等用 0.1% DEPC 水浸泡 24h 以上，然后进行高压、烘干待用。

根据 Trizol Regent Kit 说明书上的方法提取总 RNA。参照 GenBank 公布的绵羊基因序列分别对 *Dlk1* 和 18S rRNA 设计引物，用于扩增绵羊 *Dlk1* 及 18S rRNA（真核）基因片段的实时荧光定量 PCR 引物见表 2-1。

表 2-1 用于扩增绵羊 *Dlk1* 及 18S rRNA（真核）基因片段的实时荧光定量 PCR 引物

基因	参考序列	引物	产物长度/bp
Dlk1	NM-174037	SF：CGTCTTCCTCAACAAGTGCGA SR：TCCTCCCCGCTGTTGTAGTG	102
18S rRNA（真核）	AY753190	SF：CGGCTACCACATCCAAGGAA SR：GCTGGAATTACCGCGGCT	299

注：SF 为上游引物，SR 为下游引物

cDNA 第一链的合成按如下方法：从-80℃冰箱中取出 RNA，在室温下解冻，然后在 0.2ml PCR 管中配制反应溶液。反转录反应体系为 10μl，包括：总 RNA 0.5μl，Oligo dT 0.5μl，Random 6 mers 0.5μl，PrimerScript Buffer 2μl，PrimerScript RT Enzyme Mix Ⅰ 0.5μl，RNase free H_2O 补至 10μl。将 PCR 管置于 PCR 仪中进行反应，37℃保温 15min 后，85℃变性 5s。

将合成的 cDNA 产物做一系列浓度梯度稀释，使用 ABI7900 型荧光定量 PCR 仪进行定量分析。每个样品的 *Dlk1* 的表达用 18S rRNA（真核）作为内参基因。按照 SYBR GreenI 试剂盒（TaKaRa 公司）推荐的体系，在其他条件相同的情况下，对退火温度（53～63℃）和引物浓度进行优化，然后以优化的退火温度、引物浓度进行实验。最佳反应体系为 10μl，这包括：上、下游引物各 0.2μl，ROX Reference Dye 0.2μl，H_2O 3.4μl，SYBR Green Realtime PCR Master Mix 5μl，模板 1μl，混合样品，不能使其产生气泡。反应条件：95℃ 15s，95℃ 5s，60℃ 30s，40 个循环。阴性对照用 1μl 灭菌水代替模板。每个样品检测做 3 管平行实验。根据电脑自动分析荧光信号将其转换为 *Dlk1* 基因的起始拷贝数 *Ct* 值，根据各样品的 *Ct* 值计算其起始模板拷贝数。

样品设置相同的阈值线，采用 SPSS16.0 计算重复样品间 *Ct* 均值及标准偏差，采用 $2^{-\Delta\Delta Ct}$ 方法处理数据（柳玲，2007），分析基因相对表达差异量。$\Delta Ct=Ct$（目的基因）$-Ct$（内参基因）；湖羊同月龄不同性别比较中 $\Delta\Delta Ct=\Delta Ct$（公）$-\Delta Ct$（母）；湖羊同性别不同月龄比较中 $\Delta\Delta Ct=\Delta Ct$（其他某月龄）$-\Delta Ct$（2 日龄）；6 月龄同性别不同绵羊品种（湖羊与陶赛特羊）比较中 $\Delta\Delta Ct=\Delta Ct$（陶赛特羊）$-\Delta Ct$（湖羊）；$2^{-\Delta\Delta Ct}$ 表示实验组目的基因的表达相对于对照组变化的倍数。湖羊同月龄不同性别的比较，以及同月龄同性别湖羊与陶赛特羊间的比较用 *t* 检验进行显著性分析，湖羊同性别不同月龄间的比较采用单因素方差分析（ANOVA）进行显著性分析，mRNA 转录量用平均值±标准误表示。同时，用 ΔCt 的变化趋势柱状图来加以验证（ΔCt 值大小与表达量的大小为负相关）。

二、结果与分析

（一）总 RNA 提取与质量检测

总 RNA 通过 1%琼脂糖凝胶电泳检测，显示清晰的 28S rRNA 和 18S rRNA 条带，核酸蛋白分析仪检测，$A_{260}/A_{280}\geqslant 1.8$（$A$ 为吸光值），提示 RNA 完整性和质量较好（图 2-1）。

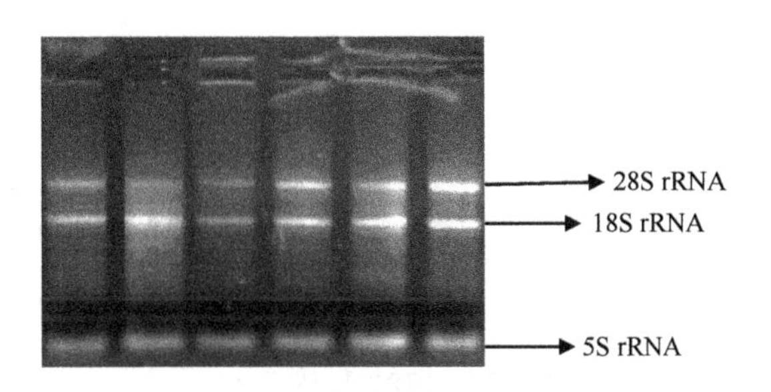

图 2-1　总 RNA 琼脂糖凝胶电泳图

（二）扩增产物特异性

溶解曲线分析发现，*Dlk1* 及 18S rRNA 基因的 PCR 产物均呈较为锐利的单一峰（图 2-2）。由图 2-2 可见，排除了形成引物二聚体和非特异性产物对结果带来的影响的可能，同时说明设计的引物有很好的特异性，PCR 得到了较好的优化。*Dlk1* 及 18S rRNA 基因的溶解温度分别为 86.7℃、85.0℃，阴性对照无扩增产物。*Dlk1* 及 18S rRNA 基因的扩增效率分别为 99.7%、99.8%。

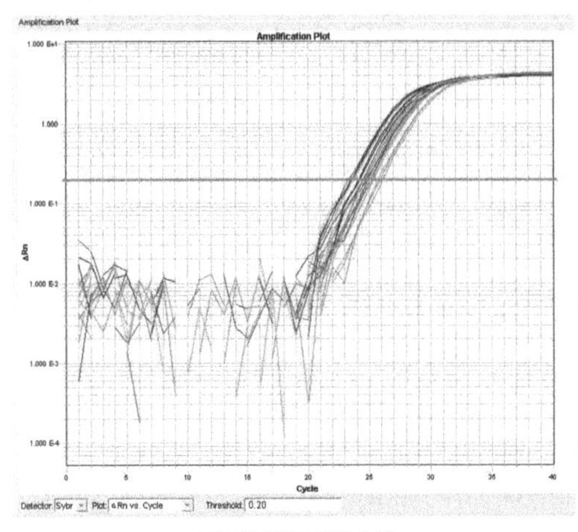

*Dlk1*基因的扩增曲线

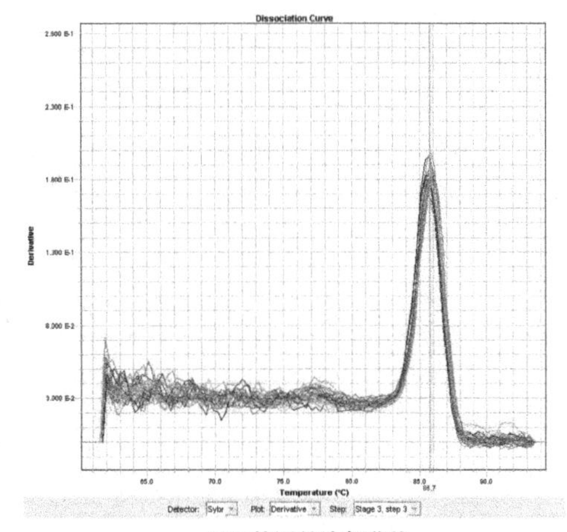

*Dlk1*基因的溶解曲线

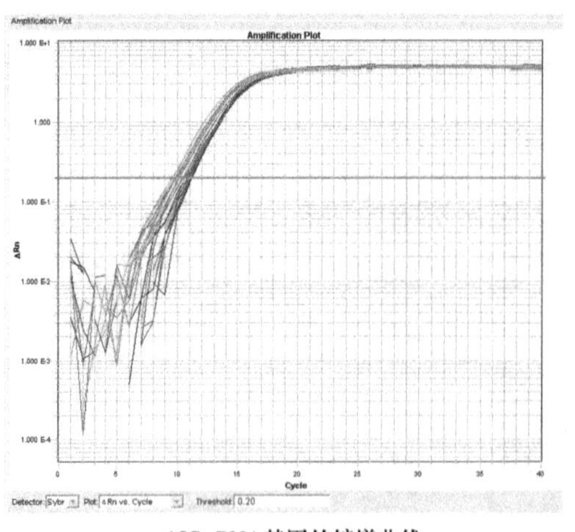

18S rRNA基因的扩增曲线

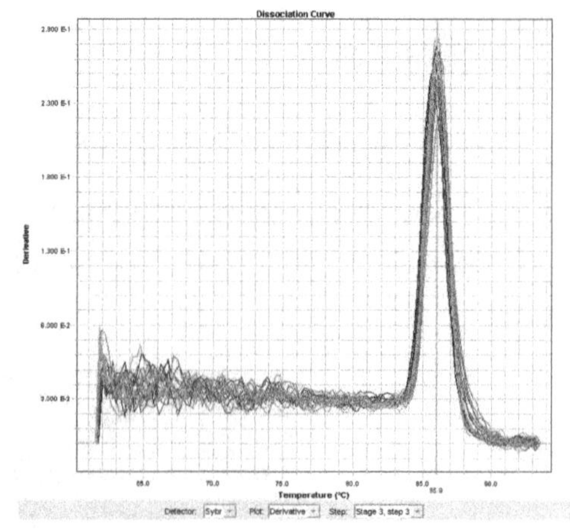

18S rRNA基因的溶解曲线

图 2-2　*Dlk1* 及 18S rRNA（真核）的扩增曲线与溶解曲线

（三）*Dlk1* 基因在背最长肌中的相对表达变化

1. *Dlk1* 基因不同性别、不同月龄、不同品种表达差异分析

从表 2-2 可以看出，*Dlk1* 在湖羊公羊与母羊的相对表达水平在各月龄均存在显著差异（$0.01<P<0.05$），其中 6 月龄母羊和公羊存在极显著差异（$P<0.01$）。从表 2-3 可以看出，在母羊中 6 月龄与 4 月龄、3 月龄、1 月龄、2 月龄、2 日龄存在显著差异，4 月龄与 2 月龄、2 日龄存在显著差异，3 月龄、1 月龄与 2 日龄存在显著差异（$0.01<P<0.05$），其中 6 月龄与 1 月龄、2 月龄、2 日龄存在极显著差异，4 月龄与 2 月龄、2 日龄存在极显著差异（$P<0.01$），其他生长阶段间不存在显著差异（$P>0.05$）；在公羊中 6 月龄与 4 月龄、1 月龄、2 月龄、3 月龄、2 日龄均存在极显著差异（$P<0.01$），除 6 月龄外的 5 个生长阶段间差异不显著（$P>0.05$）。由表 2-4 可以看出，6 月龄的湖羊和陶赛特羊公羊中，*Dlk1* 表达差异不显著，母羊中 *Dlk1* 表达差异极显著（$P<0.01$）。本研究中在不同生长阶段间、不同性别间及 6 月龄不同的品种间大量存在显著或极显著差异，这表明不同生长阶段、性别、品种对于 *Dlk1* 基因在绵羊肌肉组织中的表达具有重要影响。

表 2-2　*Dlk1* 在湖羊各月龄不同性别的表达差异分析（$2^{-\Delta\Delta Ct}$法）

性别	2 日龄	1 月龄	2 月龄	3 月龄	4 月龄	6 月龄
母	1m	1m	1m	1m	1m	1M
公	1.5374±0.2153n	1.3039±0.2997n	1.6063±0.3138n	1.0860±0.1032n	1.0563±0.1947n	1.8569±0.1869N

注：M（m）、N（n）系列的字母表示的是同月龄内不同性别间的多重比较结果；同列不同小写字母表示差异显著，不同大写字母表示差异极显著

表 2-3　*Dlk1* 在湖羊同性别的各月龄的表达变化的方差分析（$2^{-\Delta\Delta Ct}$ 法）

性别	2 日龄	1 月龄	2 月龄	3 月龄	4 月龄	6 月龄
母	1Cd	1.7219±0.2223BCbc	1.2085±0.0837Ccd	1.7377±0.2249ABCbc	2.1731±0.2396ABb	2.9841±0.4206Aa
公	1Bb	1.4900±0.3425Bb	1.3464±0.2630Bb	1.2271±0.1166Bb	1.5379±0.2835Bb	3.6104±0.3633Aa

注：A（a）、B（b）、C（c）系列的字母表示的是同性别内不同月龄间的多重比较结果；同行相同字母表示差异不显著，不同小写字母表示差异显著，不同大写字母表示差异极显著

表 2-4　*Dlk1* 在同性别的 6 月龄湖羊与陶赛特羊表达差异的比较分析（$2^{-\Delta\Delta Ct}$ 法）

	公羊	母羊
湖羊	1m	1M
陶赛特羊	0.9081±0.0684m	0.5187±0.1467N

注：M（m）、N（n）系列的字母表示的是同月龄内不同品种间的多重比较结果；同列相同字母表示差异不显著，不同大写字母表示差异极显著

2. *Dlk1* 基因表达趋势分析

由图 2-3 可以看出，在出生后的各个阶段，*Dlk1* 在公羊背最长肌中的表达量均高于母羊。

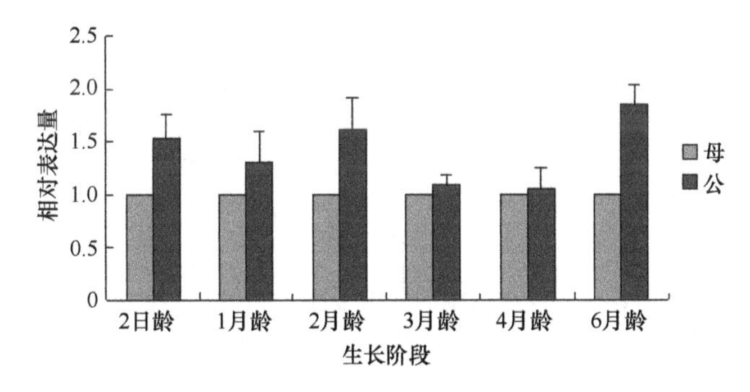

图 2-3　各月龄不同性别湖羊 *Dlk1* 的表达差异（$2^{-\Delta\Delta Ct}$ 法，母羊为内对照组）

由图 2-4 可以看出，出生后随着月龄的增加，公羊和母羊 *Dlk1* 在背最长肌中的表达均有逐渐升高的趋势。其中，母羊在 2 月龄的表达量较 1 月龄略有降低，

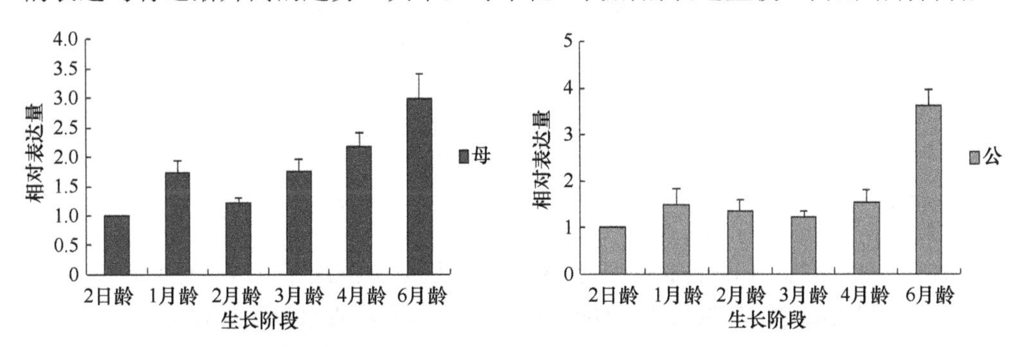

图 2-4　湖羊公、母羊各月龄 *Dlk1* 的表达变化（$2^{-\Delta\Delta Ct}$ 法，2 日龄为内对照组）

随后随着月龄的增加，表达量逐渐升高，并在 6 月龄达到最高；公羊 *Dlk1* 在背最长肌中的表达在 2 日龄到 4 月龄变化不大，1 月龄到 3 月龄有略下降的趋势，随后表达量逐渐升高，并在 6 月龄达到最高。

利用图 2-5Δ*Ct* 的变化趋势，可以得到与图 2-3 和图 2-4 结果相似的趋势。

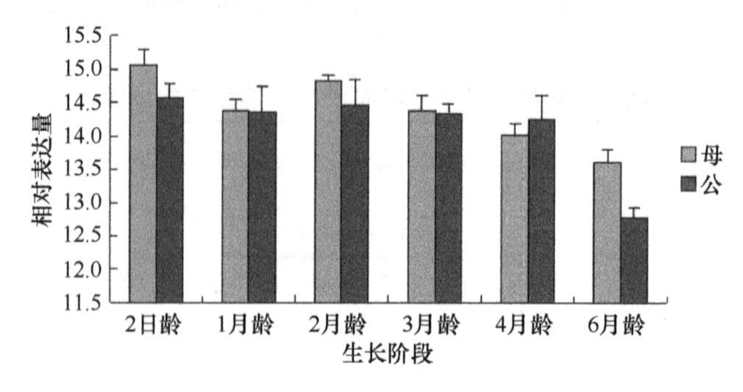

图 2-5　不同月龄、不同性别湖羊 *Dlk1* 基因的表达变化（Δ*Ct* 法）

由图 2-6 可以看出，*Dlk1* 在 6 月龄公、母羊的背最长肌的表达量，湖羊均高于陶赛特羊。图 2-7 的趋势结果印证了图 2-6 的判断。

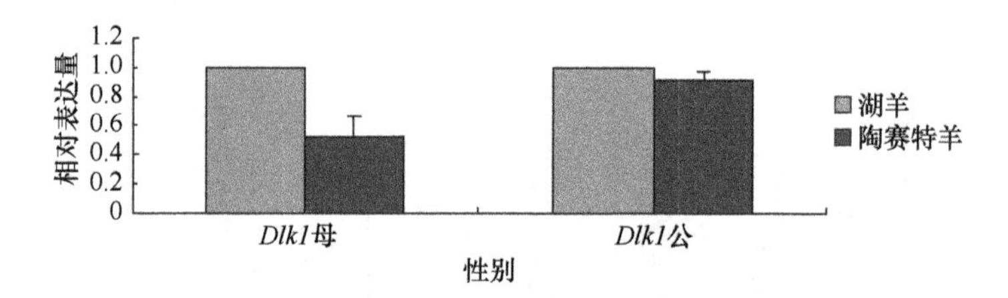

图 2-6　6 月龄湖羊与陶赛特羊的公羊与母羊 *Dlk1* 表达差异的分别比较
（$2^{-\Delta\Delta Ct}$法，湖羊为内对照组）

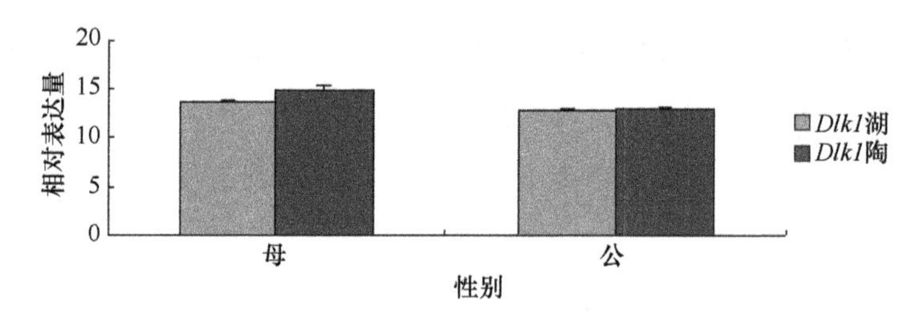

图 2-7　6 月龄湖羊与陶赛特羊的公羊与母羊 *Dlk1* 表达差异的分别比较（Δ*Ct* 法）

三、讨论

Dlk1（delta-like 1 homolog）基因又称为前脂肪细胞因子，因其结构和氨基酸序列与果蝇 Notch 配基 Delta 的对应结构有着高度同源性（Lee et al.，1995），简称为 Dlk1 蛋白。*Dlk1* 基因具有抑制脂肪细胞分化和调节肌肉发育的生物活性。

Dlk1 抑制脂肪分化的作用可能与 ERK/MAPK 信号通路有关（Mei et al.，2002）。Ruiz-Hidalgo 等（2002）发现在加入 *IGF-Ⅰ*后，*Dlk1* 的高表达能抑制 3T3-L1 细胞的脂肪分化。*Dlk1* 基因在双肌臀性状的绵羊骨骼肌中存在异常表达，在骨骼肌过表达 *Dlk1* 的转基因鼠中，出现了骨骼肌肥大的性状，显示 Dlk1 蛋白的高表达可影响肌肉生长，并引起绵羊的双肌臀性状（Davis et al.，2004）。

本研究中，在出生后的生长各个阶段，*Dlk1* 基因在湖羊公羊的背最长肌的相对表达都要高于母羊。结合公羊肌肉较母羊增长快、肌纤维粗大，且母羊富于囤积脂肪的特点，加之性激素对骨骼肌的生长发育也有影响，雌激素对骨骼肌的生长有抑制作用，而雄激素抑制肌细胞的增殖，促进细胞的分化，不难看出 *Dlk1* 基因的确具有抑制脂肪细胞分化、调节肌肉发育的功能，印证了 Davis 等（2004）的结论。

关于绵羊出生后 *Dlk1* 基因在肌肉中的表达的报道并不多，主要有如下：White 等（2008）的研究结果表明，出生后到 12 周龄，NN 和 NC^{PAT} 两种表型的个体中 *Dlk1* 在肌肉中的表达都是逐渐增加，只是 NC^{PAT} 表型的个体增加更为显著。Fleming-Waddell 等（2009）的研究结果表明，出生后 NC^{PAT} 和 NN 两种表型的个体体重都呈线性增长，但 NC^{PAT} 体重增长的斜率更高，说明此表型个体增长更快。本研究中，*Dlk1* 基因在公羊和母羊中背最长肌中的表达大体上均为逐渐增加的过程，并于 6 月龄相对表达量达到最高峰，且 *Dlk1* 在各月龄间的表达大多存在显著或极显著的差异性。这与 White 等（2008）和 Fleming-Waddell 等（2009）的结论基本一致，证明 *Dlk1* 具有调节肌肉发育活性、促进肌肉生长的特点，背最长肌中 *Dlk1* 基因表达具有显著的年龄依赖性。

Murphy 等（2005）研究了产后绵羊所有 4 种可能的表型个体（$N^{MAT}N^{PAT}$、$C^{MAT}N^{PAT}$、$N^{MAT}C^{PAT}$、$C^{MAT}C^{PAT}$）中在背最长肌中的表达。研究表明，与“美臀表型”相关的 $N^{MAT}C^{PAT}$ 表型在 *Dlk1* 基因产后期受影响的绵羊中拥有很高的表达量，且显著高于其他 3 种表型。在本研究中，*Dlk1* 在 6 月龄公、母羊的背最长肌的相对表达量，湖羊均高于陶赛特羊，且母羊中的表达差异显著。说明背最长肌中 *Dlk1* 基因的表达有明显的品种特征。但更完善的品种间差异比较，有待扩大到各个生长阶段的比较研究。

第二节　*GHR* 基因在背最长肌中的表达分析

一、实验设计

实验羊只均购自苏州市种羊场。实验湖羊涉及 6 个阶段，包括：2 日龄、1 月龄、2 月龄、3 月龄、4 月龄、6 月龄每阶段 3 公 3 母共 36 只，每个阶段选择饲养条件相同、生长发育良好、体重相近、日龄相近（出生日期相差不超过 5 天）

羊进行屠宰，屠宰前24h停食、2h停水。并采集6月龄陶赛特羊6只（3公3母）作为对照群体。快速采集背最长肌后于液氮罐保存，4h内运回实验室，同时记录屠宰羊宰前活重、胴体重和净肉重。

实验采用的主要试剂及试剂盒有：r*Taq*酶、dNTP、PrimerScript RT reagent Kit、SYBR Green Realtime PCR Master Mix（购自TaKaRa公司）；焦炭酸二乙酯（DEPC）（购自北京百泰克公司）；Trizol（购自Invitrogen公司）；Goldview核酸染料（购自SBS Genetech公司）。

引物由primer express 2.0软件设计，由上海英俊生物技术有限公司合成。

实验采用的主要仪器设备有：Centrifuge 5804R冷冻离心机；Minispin离心机（德国Eppendorf公司）；SW-CJ-1F单人双面超净工作台（苏州净化设备有限公司）；DHG-9203A型电热恒温鼓风干燥箱（上海精宏设备有限公司）；YDS-6型液氮生物容器（成都金凤液氮容器有限公司）；恒温金属浴CHB-100（杭州博日科技有限公司）；THZ-22台式恒温振荡器（江苏太仓市实验设备厂）；901B磁力搅拌器（上海司乐仪器有限公司）；SIM-F124制冰机（日本三洋）；XW-80A微型漩涡混合仪（上海沪西分析仪器厂有限公司）；ABI7900型荧光定量PCR仪（ABI公司）。

实验器皿的处理注意事项：所有的采样器具及RNA操作台均进行无RNA酶处理；金属盒玻璃器具充分洗净后，在200℃烘箱中烘烤5h；塑料试管、吸头等用0.1% DEPC水浸泡24h以上，然后进行高压、烘干待用。

根据Trizol Regent Kit说明书上的方法提取总RNA。参照GenBank公布的绵羊基因序列分别对*GHR*和18S rRNA设计引物，用于扩增绵羊*GHR*及18S rRNA（真核）基因片段的实时荧光定量PCR引物见表2-5。

表2-5 用于扩增绵羊*GHR*及18S rRNA（真核）基因片段的实时荧光定量PCR引物

基因	参考序列	引物	产物长度/bp
GHR	M82912	SF：TGAGCTACCCATTGAATGGCA SR：TCCACCCTCAACTCATCCCC	101
18S rRNA（真核）	AY753190	SF：CGGCTACCACATCCAAGGAA SR：GCTGGAATTACCGCGGCT	299

注：SF为上游引物，SR为下游引物

cDNA第一链的合成按如下方法：从–80℃冰箱中取出RNA，在室温下解冻，然后在0.2ml PCR管中配制反应溶液。反转录反应体系为10μl，包括：总RNA 0.5μl，Oligo dT 0.5μl，Random 6 mers 0.5μl，Primer Script Buffer 2μl，Primer Script RT Enzyme Mix Ⅰ 0.5μl，RNase free H_2O 补至10μl。将PCR管置于PCR仪中进行反应，37℃保温15min后，85℃变性5s。

将合成的cDNA产物做一系列浓度梯度稀释，使用ABI7900型荧光定量PCR仪进行定量分析。每个样品的*GHR*基因的表达用18S rRNA（真核）作为内参基因。按照 SYBR GreenI 试剂盒（TaKaRa 公司）推荐的体系，在其他条件相同的情况下，对退火温度（53～63℃）和引物浓度进行优化，然后以优化的退火温度、引物浓度进行实验。最佳反应体系为 10μl，这包括：上、下游引物各 0.2μl，ROX Reference Dye 0.2μl，H_2O 3.4μl，SYBR Green Real time PCR Master Mix 5μl，模板 1μl，混合样品，不能使其产生气泡。反应条件：95℃ 15s，95℃ 5s，60℃ 30s，40 个循环。阴性对照用 1μl 灭菌水代替模板。每个样品检测做 3 管平行实验。根据电脑自动分析荧光信号将其转换为 *GHR* 基因的起始拷贝数 *Ct* 值，根据各样品的 *Ct* 值计算其起始模板拷贝数。

样品设置相同的阈值线，采用 SPSS16.0 计算重复样品间 *Ct* 均值及标准偏差，采用 $2^{-\Delta\Delta Ct}$ 方法处理数据（柳玲，2007），分析基因相对表达差异量。$\Delta Ct=Ct$（目的基因）$-Ct$（内参基因）；湖羊同月龄不同性别比较中 $\Delta\Delta Ct=\Delta Ct$（公）$-\Delta Ct$（母）；湖羊同性别不同月龄比较中 $\Delta\Delta Ct=\Delta Ct$（其他某月龄）$-\Delta Ct$（二日龄）；6 月龄同性别不同绵羊品种（湖羊与陶赛特羊）比较中 $\Delta\Delta Ct=\Delta Ct$（陶赛特羊）$-\Delta Ct$（湖羊）；$2^{-\Delta\Delta Ct}$ 表示实验组目的基因的表达相对于对照组变化的倍数。湖羊同月龄不同性别的比较，以及同月龄同性别湖羊与陶赛特羊间的比较用 *t* 检验进行显著性分析，湖羊同性别不同月龄间的比较采用单因素方差分析（ANOVA）进行显著性分析，mRNA 转录量用平均值±标准误表示。同时，用 ΔCt 的变化趋势柱状图来加以验证（ΔCt 值大小与表达量的大小为负相关）。

二、结果与分析

（一）总 RNA 提取与质量检测

总 RNA 通过 1%琼脂糖凝胶电泳检测，显示清晰的 28S rRNA 和 18S rRNA 条带，核酸蛋白分析仪检测，$A_{260}/A_{280}\geqslant 1.8$，提示 RNA 完整性和质量较好（图 2-1）。

（二）扩增产物特异性

溶解曲线分析发现，*GHR* 及 18S rRNA 基因的 PCR 产物均呈较为锐利的单一峰（图 2-8）。由图 2-8 可见，排除了形成引物二聚体和非特异性产物对结果带来的影响的可能，同时说明设计的引物有很好的特异性，PCR 得到了较好的优化。*GHR* 及 18S rRNA 基因的溶解温度分别为 82.0℃、85.0℃，阴性对照无扩增产物。*GHR* 及 18S rRNA 基因的扩增效率均为 99.8%。

（三）*GHR* 基因在背最长肌中的相对表达变化

1. *GHR* 基因不同性别、不同月龄、不同品种表达差异分析

从表 2-6 可以看出，*GHR* 在湖羊公羊与母羊的相对表达水平在 2 日龄和 2 月龄存在极显著差异（$P<0.01$），其他月龄差异不显著（$P>0.05$）。从表 2-7 可以看出，

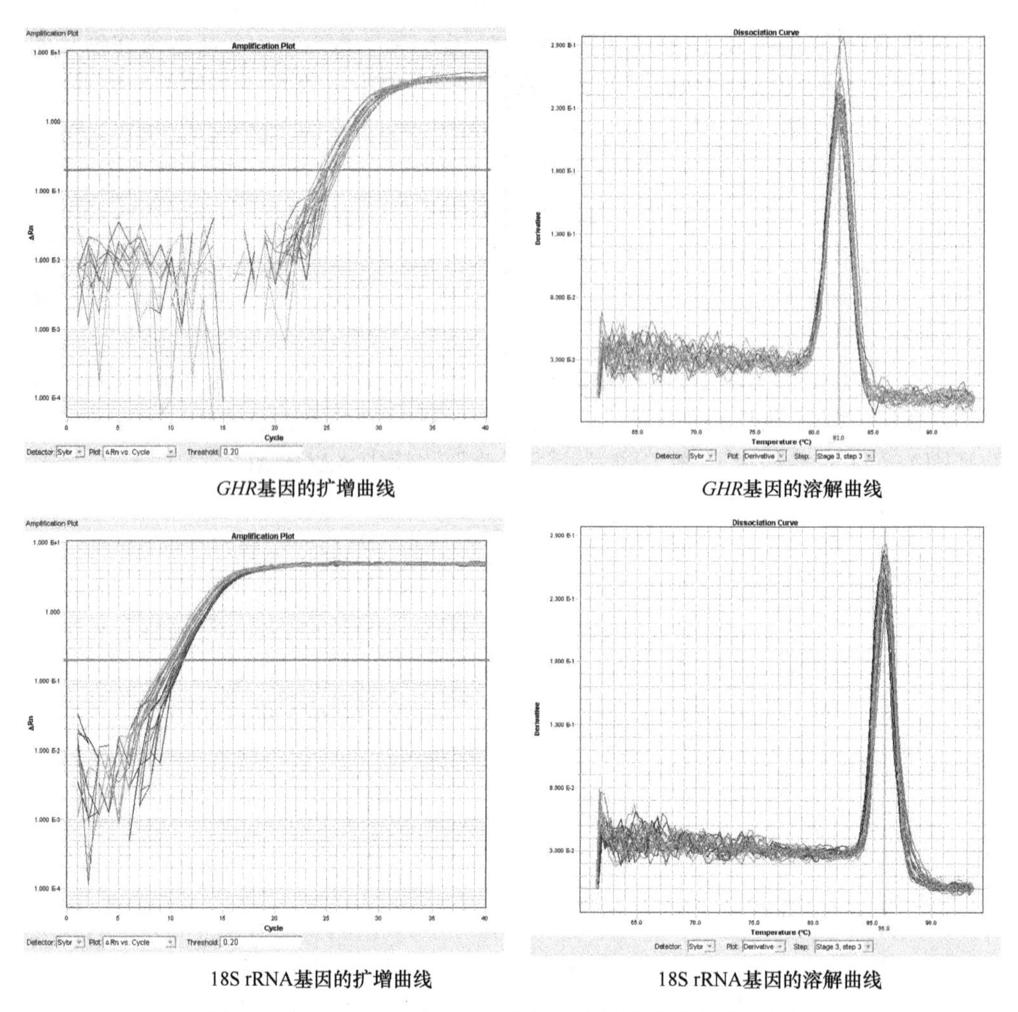

*GHR*基因的扩增曲线　　*GHR*基因的溶解曲线

18S rRNA基因的扩增曲线　　18S rRNA基因的溶解曲线

图 2-8　*GHR* 及 18S rRNA（真核）的扩增曲线与溶解曲线

在母羊中 6 月龄与 1 月龄、4 月龄、2 日龄、2 月龄存在显著差异，3 月龄与 4 月龄、2 日龄、2 月龄存在显著差异（0.01＜*P*＜0.05），其中 6 月龄与 4 月龄、2 日龄、2 月龄存在极显著差异（*P*＜0.01），3 月龄与 2 月龄存在极显著差异（*P*＜0.01），其他生长阶段间差异不显著（*P*＞0.05）；在公羊中 6 月龄与 2 月龄、3 月龄、4 月龄、1 月龄、2 日龄均存在显著差异，2 月龄和 3 月龄与 2 日龄存在极显著差异（*P*＜0.01），其他生长阶段间差异不显著（*P*＞0.05）。由表 2-8 可以看出，对于 6 月龄的湖羊和陶赛特羊而言，无论是公羊还是母羊，湖羊 *GHR* 表达水平均高于陶塞特羊，但两个品种间 *GHR* 表达差异不显著（*P*＞0.05）。本研究中 *GHR* 基因在不同生长阶段之间、不同性别间大量存在显著或极显著差异，这表明不同生长阶段、性别对于 *GHR* 基因在绵羊肌肉组织中的表达具有重要影响。但品种因素对于 *GHR* 基因在绵羊上的差异表达未达到显著水平。

表 2-6　*GHR* 在湖羊各月龄不同性别的表达差异分析（$2^{-\Delta\Delta Ct}$ 法）

性别	2 日龄	1 月龄	2 月龄	3 月龄	4 月龄	6 月龄
母	1M	1m	1M	1m	1m	1m
公	0.6148±0.0832N	1.0959±0.2883m	1.7292±0.1648N	0.9812±0.1414m	1.0887±0.0992m	1.0744±0.1068m

注：M（m）、N（n）系列的字母表示的是同月龄内不同性别间的多重比较结果；同列相同字母表示差异不显著，不同大写字母表示差异极显著

表 2-7　*GHR* 在湖羊同性别的各月龄的表达变化的方差分析（$2^{-\Delta\Delta Ct}$ 法）

性别	2 日龄	1 月龄	2 月龄	3 月龄	4 月龄	6 月龄
母	1BCc	1.2934±0.3330ABCbc	0.8431±0.0343Cc	1.9343±0.4804ABab	1.1071±0.1836BCc	2.2195±0.1642Aa
公	1Cc	1.8976±0.4993BCbc	2.5490±0.2429Bb	2.3986±0.3456Bb	1.9112±0.1741BCbc	4.1025±0.4077Aa

注：A（a）、B（b）、C（c）系列的字母表示的是同性别内不同月龄间的多重比较结果；同行相同字母表示差异不显著，不同小写字母表示差异显著，不同大写字母表示差异极显著

表 2-8　*GHR* 在同性别的 6 月龄湖羊与陶赛特羊表达差异的比较分析（$2^{-\Delta\Delta Ct}$ 法）

	公羊	母羊
湖羊	1m	1m
陶赛特羊	0.9978±0.1274m	0.7259±0.2903m

注：M（m）、N（n）系列的字母表示的是同月龄内不同品种间的多重比较结果；同列相同字母表示差异不显著

2. *GHR* 基因表达趋势分析

由图 2-9 可以看出，在出生后的各个阶段，除 2 日龄和 3 月龄外，*GHR* 在公羊背最长肌中的表达量均高于母羊。

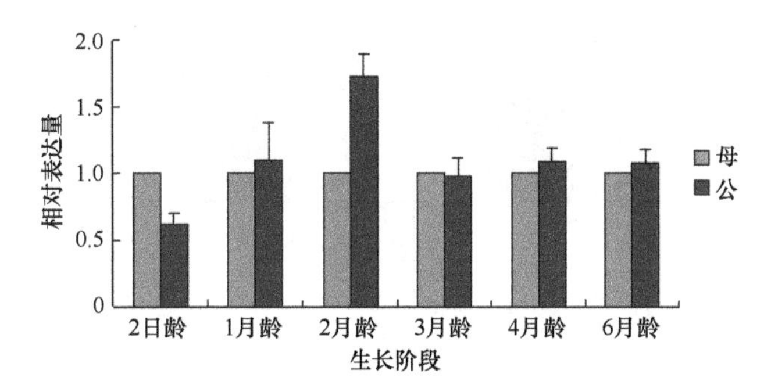

图 2-9　各月龄不同性别湖羊 *GHR* 的表达差异（$2^{-\Delta\Delta Ct}$ 法，母羊为内对照组）

由图 2-10 可以看出，出生后随着月龄的增加，母羊 *GHR* 在背最长肌的表达趋势为：先升高后降低再升高再降低最后再升高，最后 6 月龄到达最高点；公羊 *GHR* 在背最长肌的表达趋势为：先升高到 2 月龄到达一个峰值，2 月龄到 4 月龄为一个降低的过程，4 月龄到 6 月龄又升高，并到达最高点。

利用图 2-11ΔCt 的变化趋势，可以得到与图 2-9 和图 2-10 结果相似的趋势。

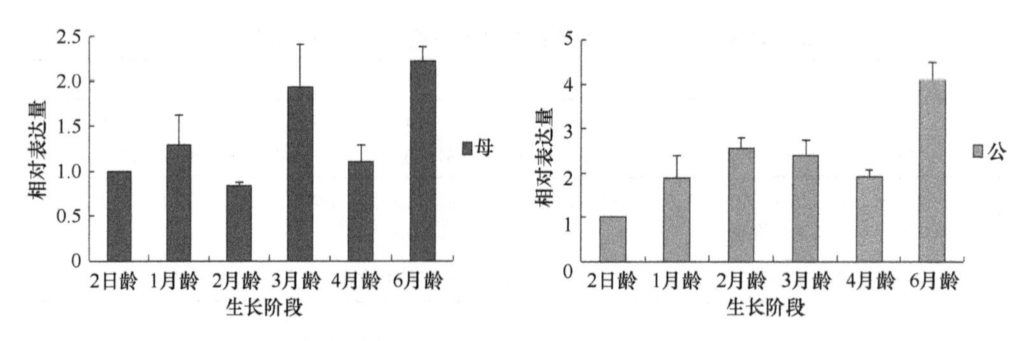

图 2-10 湖羊公、母羊各月龄 *GHR* 的表达变化（$2^{-\Delta\Delta Ct}$法，2 日龄为内对照组）

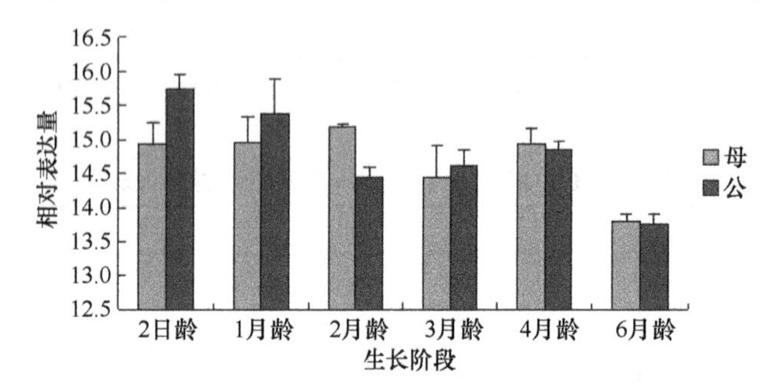

图 2-11 不同月龄、不同性别湖羊 *GHR* 基因的表达变化（ΔCt 法）

由图 2-12 可以看出，*GHR* 在 6 月龄母羊的背最长肌的表达量湖羊高于陶赛特羊，*GHR* 在两种公羊中的相对表达量几乎持平。图 2-13 的趋势结果印证了图 2-12 的判断。

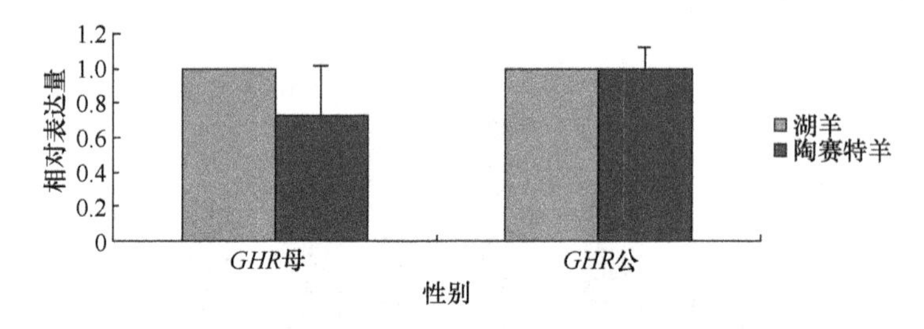

图 2-12 6 月龄湖羊与陶赛特羊的公羊与母羊 *GHR* 表达差异的分别比较
（$2^{-\Delta\Delta Ct}$法，湖羊为内对照组）

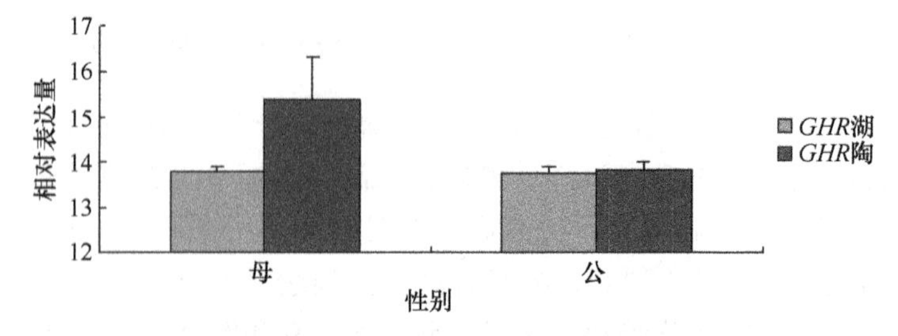

图 2-13 6 月龄湖羊与陶赛特羊的公羊与母羊 *GHR* 表达差异的分别比较（ΔCt 法）

三、讨论

GHR 是Ⅰ类细胞因子受体超家族（class Ⅰ cytokine receptor superfamily）中的一员，*GH* 可以直接作用于靶器官 *GHR*，通过旁分泌或自分泌 *IGF* 来直接影响细胞的代谢，从而调节机体的生长发育，骨骼肌作为 *GH* 非常重要的靶器官，同样可以使 *GH* 作用于 *GHR*，而发挥其生物学功能。

Mathews 等（1989）的实验结果显示，9 周龄大鼠肝脏 *GHR* mRNA 无明显的性别差异。胥清富（2002）的研究发现，雄性和雌性二花脸猪背最长肌 *GHR* 相对丰度的发育性变化模式基本相同，除 90 日龄雄性明显高于雌性（$P<0.01$），其他各日龄无显著差异（$P>0.05$），性别差异并不显著。本研究中，在出生后的各个阶段，除 2 日龄和 3 月龄外，其他月龄大体上看 *GHR* 在公羊背最长肌中的表达量均高于母羊，且除 2 日龄母羊明显高于公羊（$P<0.01$），2 月龄公羊明显高于母羊（$P<0.01$），其他各月龄点无显著差异。说明总体上公羊较之母羊，具有更好的肌肉生长潜能，且 *GHR* 在不同性别肌肉中的表达差异性可能与所选取的生长阶段有关。

尽管大多数动物的肌肉中均能检测出 *GHR*，但是关于动物肌肉 *GHR* 基因不同生长阶段的变化趋势的报道并不多，研究结果也不完全一致。Mathews 等（1989）的研究结果表明，大鼠肌肉中 *GHR* 基因的表达，在出生后一直较低，直到 15 周龄才逐渐升高。Ymer 和 Herington（1992）的研究发现，兔肌肉中 *GHR* mRNA 在胎儿期和初生期的表达都较低，随后逐渐升高，并于 2～6 月龄达到峰值。Klempt 等（1993）发现，妊娠 51 天时绵羊胎儿的肝脏中有 *GHR* 表达，肌肉中却没有，但妊娠 95 天时，胎儿肌肉中的 *GHR* 表达要高于肝脏中。Schnoebelen-Combes 等（1996）的研究结果显示，梅山猪和大白猪背最长肌 *GHR* mRNA 水平无明显的发育性变化。胥清富（2002）的研究结果表明，二花脸猪和大约克猪背最长肌 *GHR* mRNA 的表达随年龄增加有上升的趋势，其中二花脸猪在 20 日龄和 90 日龄有两个峰值，30 日龄和 120 日龄明显降低，而大白猪在 20～90 日龄随日龄增加而增加，随后维持在较高水平。黄治国和谢庄（2009）的研究结果发现，哈萨克羊和新疆细毛羊绵羊品种肌肉 *GHR* mRNA 的表达都是先升后降，然后趋于水平，都在 30 日龄时出现峰值。结合本研究来看，出生后随着月龄的增加，母羊 *GHR* 在背最长肌的表达趋势为：先升高后降低再升高再降低最后再升高，最后 6 月龄到达最高点；公羊 *GHR* 在背最长肌的表达趋势为：先升高到 2 月龄到达一个峰值，2 月龄到 4 月龄为一个降低的过程，4 月龄到 6 月龄又逐渐升高，并到达最高点，这与黄治国和谢庄（2009）得出的结论类似，*GHR* 基因的表达随月龄的增加并不是处于一直增加或者一直下降的趋势。

胥清富（2002）的研究结果发现，120 日龄、180 日龄雄性大白猪背最长肌

GHR mRNA 的表达明显高于二花脸猪（$P<0.01$），这两个生长阶段背最长肌 *GHR* mRNA 表达具有明显的品种差异，而其他生长阶段间两品种差异不显著。从本研究的结果可以看出，*GHR* 在 6 月龄湖羊母羊的背最长肌的表达量高于陶赛特羊，但差异均不显著（$P>0.05$），*GHR* 在两个品种的公羊中的相对表达量几乎持平，湖羊公羊的 *GHR* 表达水平稍高于陶塞特羊公羊。本研究结果与胥清富（2002）的研究结果不一致，这是不是因为绵羊和猪为不同物种才造成这样的结果的，还需要进一步研究。但是本研究结果与黄治国和谢庄（2009）对哈萨克羊和新疆细毛羊的结果一致，哈萨克羊为肉脂用羊，新疆细毛羊为毛用羊，但在其研究中哈萨克羊 *GHR* 基因的表达量均低于新疆细毛羊。当然，对于除 6 月龄以外的各品种间的比较，尚有待于进一步的研究。

第三节　*IGF-Ⅰ*基因在背最长肌中的表达分析

一、实验设计

实验羊只均购自苏州市种羊场。实验湖羊涉及 6 个阶段，包括：2 日龄、1 月龄、2 月龄、3 月龄、4 月龄、6 月龄每阶段 3 公 3 母共 36 只，每个阶段选择饲养条件相同、生长发育良好、体重相近、日龄相近（出生日期相差不超过 5 天）羊进行屠宰，屠宰前 24h 停食、2h 停水。并采集 6 月龄陶赛特羊 6 只（3 公 3 母）作为对照群体。快速采集背最长肌后于液氮罐保存，4h 内运回实验室，同时记录屠宰羊宰前活重、胴体重和净肉重。

实验采用的主要试剂及试剂盒有：r*Taq* 酶、dNTP、PrimerScript RT reagent Kit、SYBR Green Realtime PCR Master Mix（购自 TaKaRa 公司）；焦炭酸二乙酯（DEPC）（购自北京百泰克公司）；Trizol（购自 Invitrogen 公司）；Goldview 核酸染料（购自 SBS Genetech 公司）。

引物由 primer express 2.0 软件设计，由上海英俊生物技术有限公司合成。

实验采用的主要仪器设备有：Centrifuge 5804R 冷冻离心机；Minispin 离心机（德国 Eppendorf 公司）；SW-CJ-1F 单人双面超净工作台（苏州净化设备有限公司）；DHG-9203A 型电热恒温鼓风干燥箱（上海精宏设备有限公司）；YDS-6 型液氮生物容器（成都金凤液氮容器有限公司）；恒温金属浴 CHB-100（杭州博日科技有限公司）；THZ-22 台式恒温振荡器（江苏太仓市实验设备厂）；901B 磁力搅拌器（上海司乐仪器有限公司）；SIM-F124 制冰机（日本三洋）；XW-80A 微型漩涡混合仪（上海沪西分析仪器厂有限公司）；ABI7900 型荧光定量 PCR 仪（ABI 公司）。

实验器皿的处理注意事项：所有的采样器具及 RNA 操作台均进行无 RNA 酶处理；金属盒玻璃器具充分洗净后，在 200℃烘箱中烘烤 5h；塑料试管、吸头等用 0.1% DEPC 水浸泡 24h 以上，然后进行高压、烘干待用。

根据 Trizol Regent Kit 说明书上的方法提取总 RNA。参照 GenBank 公布的绵羊基因序列分别对 *IGF-Ⅰ*和 18S rRNA 设计引物，用于扩增绵羊 *IGF-Ⅰ*及 18S rRNA（真核）基因片段的实时荧光定量 PCR 引物见表 2-9。

表 2-9 用于扩增绵羊 *IGF-Ⅰ*及 18S rRNA（真核）基因片段的实时荧光定量 PCR 引物

基因	参考序列	引物	产物长度/bp
IGF-Ⅰ	M30653	SF：TCCAGTTCGTGTGCGGAGA SR：TCCTCAGATCACAGCTCCGG	126
18S rRNA（真核）	AY753190	SF：CGGCTACCACATCCAAGGAA SR：GCTGGAATTACCGCGGCT	299

注意：SF 为上游引物，SR 为下游引物

cDNA 第一链的合成按如下方法：从−80℃冰箱中取出 RNA，在室温下解冻，然后在 0.2ml PCR 管中配制反应溶液。反转录反应体系为 10μl，包括：总 RNA 0.5/μl，Oligo dT 0.5μl，Random 6 mers 0.5μl，PrimerScript Buffer 2μl，PrimerScript RT Enzyme MixⅠ 0.5μl，RNase free H_2O 补至 10μl。将 PCR 管置于 PCR 仪中进行反应，37℃保温 15min 后，85℃变性 5s。

将合成的 cDNA 产物做一系列浓度梯度稀释，使用 ABI7900 型荧光定量 PCR 仪进行定量分析。每个样品的 *IGF-Ⅰ*基因的表达用 18S rRNA（真核）作为内参基因。按照 SYBR GreenI 试剂盒（TaKaRa 公司）推荐的体系，在其他条件相同的情况下，对退火温度（53～63℃）和引物浓度进行优化，然后以优化的退火温度、引物浓度进行实验。最佳反应体系为 10μl，这包括：上、下游引物各 0.2μl，ROX Reference Dye 0.2μl，H_2O 3.4μl，SYBR Green Realtime PCR Master Mix 5μl，模板 1μl，混合样品，不能使其产生气泡。反应条件：95℃ 15s，95℃ 5s，60℃ 30s，40 个循环。阴性对照用 1μl 灭菌水代替模板。每个样品检测做 3 管平行实验。根据电脑自动分析荧光信号将其转换为 *IGF-Ⅰ*基因的起始拷贝数 *Ct* 值，根据各样品的 *Ct* 值计算其起始模板拷贝数。

样品设置相同的阈值线，采用 SPSS16.0 计算重复样品间 *Ct* 均值及标准偏差，采用 $2^{-\Delta\Delta Ct}$ 方法处理数据（柳玲，2007），分析基因相对表达差异量。$\Delta Ct=Ct$（目的基因$-Ct$（内参基因）；湖羊同月龄不同性别比较中 $\Delta\Delta Ct=\Delta Ct$（公）$-\Delta Ct$（母）；湖羊同性别不同月龄比较中 $\Delta\Delta Ct=\Delta Ct$（其他某月龄）$-\Delta Ct$（二日龄）；6 月龄同性别不同绵羊品种（湖羊与陶赛特羊）比较中 $\Delta\Delta Ct=\Delta Ct$（陶赛特羊）$-\Delta Ct$（湖羊）；$2^{-\Delta\Delta Ct}$ 表示实验组目的基因的表达相对于对照组变化的倍数。湖羊同月龄不同性别的比较，以及同月龄同性别湖羊与陶赛特羊间的比较用 *t* 检验进行显著性分析，湖羊同性别不同月龄间的比较采用单因素方差分析（ANOVA）进行显著性分析，mRNA 转录量用平均值±标准误表示。同

时，用 ΔCt 的变化趋势柱状图来加以验证（ΔCt 值大小与表达量的大小为负相关）。

二、结果与分析

（一）总 RNA 提取与质量检测

总 RNA 通过 1%琼脂糖凝胶电泳检测，显示清晰的 28S rRNA 和 18S rRNA 条带，核酸蛋白分析仪检测，$A_{260}/A_{280} \geqslant 1.8$，提示 RNA 完整性和质量较好（图 2-1）。

（二）扩增产物特异性

溶解曲线分析发现，*IGF- I* 及 18S rRNA 基因的 PCR 产物均呈较为锐利的单一峰（图 2-14）。由图 2-14 可见，排除了形成引物二聚体和非特异性产物对结果

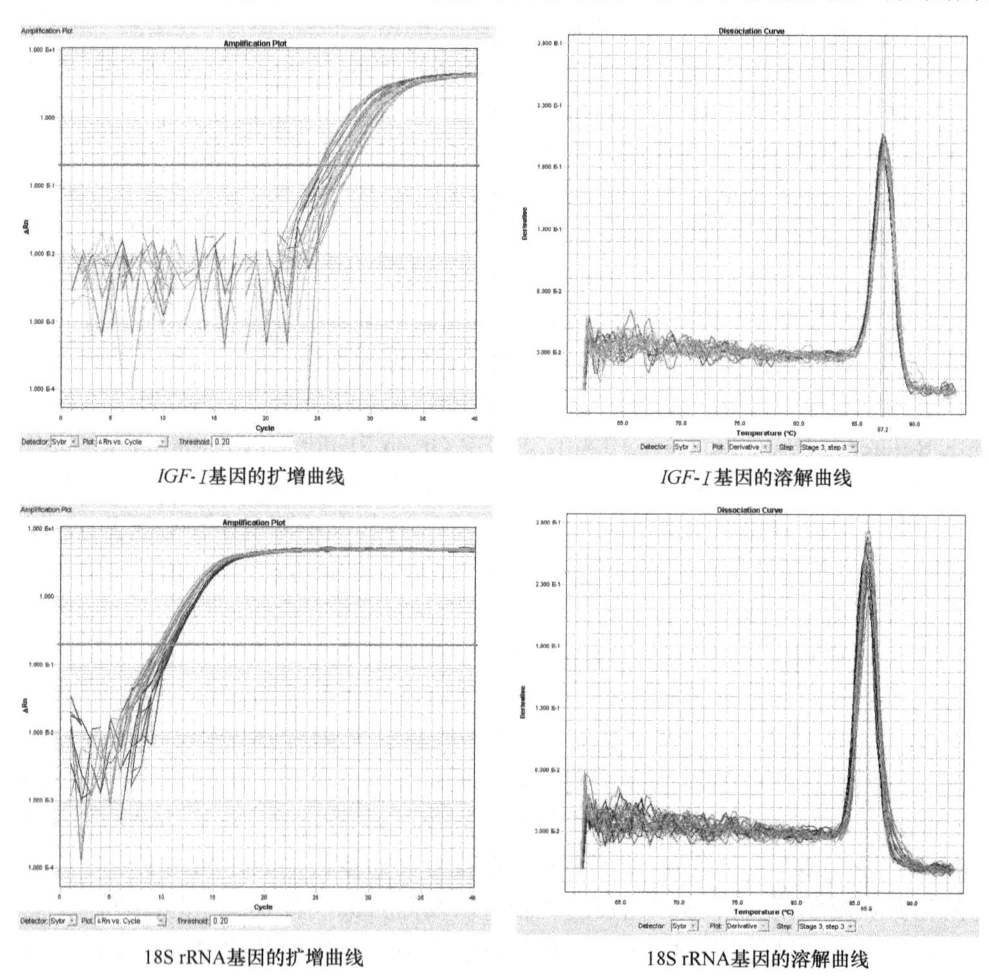

*IGF- I*基因的扩增曲线　　*IGF- I*基因的溶解曲线

18S rRNA基因的扩增曲线　　18S rRNA基因的溶解曲线

图 2-14　*IGF- I* 及 18S rRNA（真核）的扩增曲线与溶解曲线

带来的影响的可能，同时说明设计的引物有很好的特异性，PCR得到了较好的优化。*IGF-Ⅰ*及18S rRNA基因的溶解温度分别为87.2℃、85.0℃，阴性对照无扩增产物。*IGF-Ⅰ*及18S rRNA基因的扩增效率均为99.8%。

（三）*IGF-Ⅰ*基因在背最长肌中的相对表达变化

1. *IGF-Ⅰ*基因不同性别、不同月龄、不同品种表达差异分析

从表2-10可以看出，*IGF-Ⅰ*在湖羊公羊与母羊的相对表达水平在2日龄、1月龄存在显著差异（$0.01<P<0.05$），3月龄公羊和母羊相对表达量存在极显著差异（$P<0.01$），其他月龄差异不显著（$P>0.05$）。从表2-11可以看出，在母羊中6月龄与4月龄、3月龄、2月龄、1月龄、2日龄存在极显著差异（$P<0.01$），4月龄和3月龄与2日龄存在显著差异（$0.01<P<0.05$），其他生长阶段间差异不显著（$P>0.05$）；在公羊中6月龄与4月龄、2月龄、3月龄、2日龄均存在极显著差异（$P<0.01$），1月龄与3月龄和2日龄存在显著差异（$0.01<P<0.05$），其他生长阶段间差异不显著（$P>0.05$）。由表2-12可以看出，6月龄的湖羊和陶赛特羊母羊中，*IGF-Ⅰ*表达差异不显著（$P>0.05$），公羊中存在极显著差异（$P<0.01$）。本研究中*IGF-Ⅰ*基因在不同生长阶段之间、不同性别间及6月龄不同的品种间大量存在显著或极显著差异，这表明不同生长阶段、性别、品种对于*IGF-Ⅰ*基因在绵羊肌肉组织中的表达具有重要影响。

表2-10 *IGF-Ⅰ*在湖羊各月龄不同性别的表达差异分析（$2^{-\Delta\Delta Ct}$法）

性别	2日龄	1月龄	2月龄	3月龄	4月龄	6月龄
母	1m	1m	1m	1M	1m	1m
公	1.2640±0.1117n	2.0949±0.5009n	1.2038±0.1228m	0.7300±0.0484N	1.1795±0.2419m	1.3499±0.3096m

注：M（m）、N（n）系列的字母表示的是同月龄内不同性别间的多重比较结果；同列相同字母表示差异不显著，不同小写字母表示差异显著，不同大写字母表示差异极显著

表2-11 *IGF-Ⅰ*在湖羊同性别的各月龄的表达变化的方差分析（$2^{-\Delta\Delta Ct}$法）

性别	2日龄	1月龄	2月龄	3月龄	4月龄	6月龄
母	1Bc	1.3830±0.1678Bbc	1.6689±0.1429Bbc	1.9826±0.3676Bb	2.0596±0.2954Bb	3.4450±0.5980Aa
公	1Bc	2.2636±0.5413ABab	1.5988±0.1631Bbc	1.0331±0.0685Bc	1.7868±0.3664Bbc	3.4025±0.7803Aa

注：A（a）、B（b）、C（c）系列的字母表示的是同性别内不同月龄间的多重比较结果；同行相同字母表示差异不显著，不同小写字母表示差异显著，不同大写字母表示差异极显著

表2-12 *IGF-Ⅰ*在同性别的6月龄湖羊与陶赛特羊表达差异的比较分析（$2^{-\Delta\Delta Ct}$法）

	公羊	母羊
湖羊	1M	1m
陶赛特羊	0.4809±0.0421N	0.7685±0.3195m

注：M（m）、N（n）系列的字母表示的是同月龄内不同品种间的多重比较结果；同列相同字母表示差异不显著，不同大写字母表示差异极显著

2. *IGF-Ⅰ*基因表达趋势分析

由图 2-15 可以看出，在出生后的各个阶段，除 3 月龄外，*IGF-Ⅰ*在公羊背最长肌中的表达量均高于母羊。

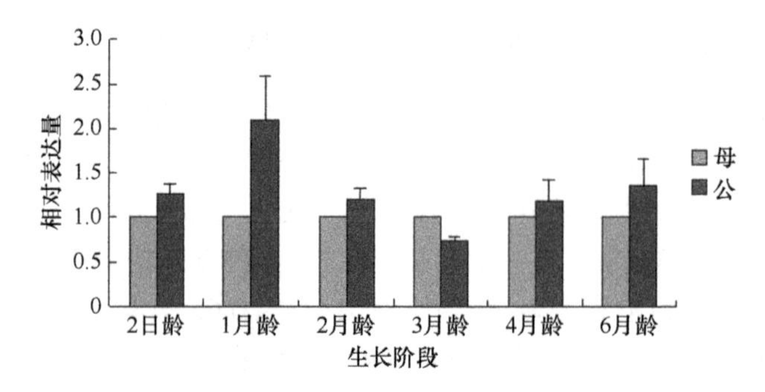

图 2-15 各月龄不同性别湖羊 *IGF-Ⅰ*的表达差异（$2^{-\Delta\Delta Ct}$法，母羊为内对照组）

由图 2-16 可以看出，出生后随着月龄的增加，母羊 *IGF-Ⅰ*在背最长肌的表达趋势为：由 2 日龄开始依次升高最后于 6 月龄到达最高点；公羊 *IGF-Ⅰ*在背最长肌的表达趋势为：先升高到 1 月龄到达一个峰值，1 月龄到 3 月龄为一个降低的过程，并于 3 月龄降至与出生接近相等的水平，此后随月龄增加逐渐升高，并于 6 月龄到达最高点。

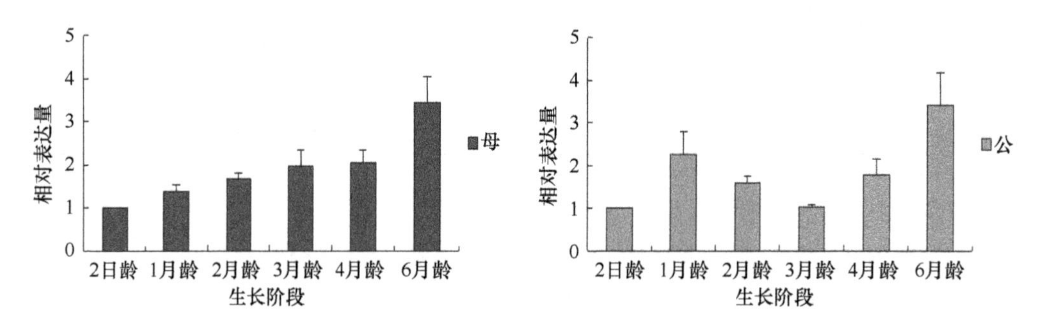

图 2-16 湖羊公、母羊各月龄 *IGF-Ⅰ*的表达变化（$2^{-\Delta\Delta Ct}$法，2 日龄为内对照组）

利用图 2-17ΔCt 的变化趋势，可以得到与图 2-15 和图 2-16 结果相似的趋势。

由图 2-18 可以看出，*IGF-Ⅰ*在 6 月龄公、母羊的背最长肌的表达量湖羊均高于陶赛特羊。图 2-19 的趋势结果印证了图 2-18 的判断。

三、讨论

胰岛素样生长因子-Ⅰ（insulin-like growth factor-Ⅰ，IGF-Ⅰ）是机体生长、发育和代谢的一个重要调控因子，同时也是生长激素发挥促生长作用的重要调节

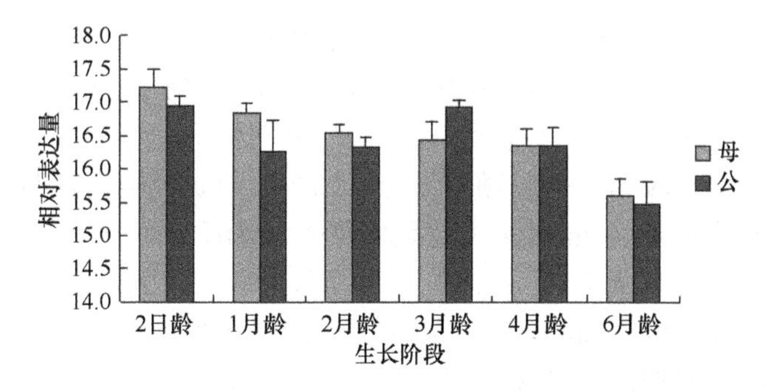

图 2-17　不同月龄、不同性别湖羊 *IGF-Ⅰ*基因的表达变化（Δ*Ct* 法）

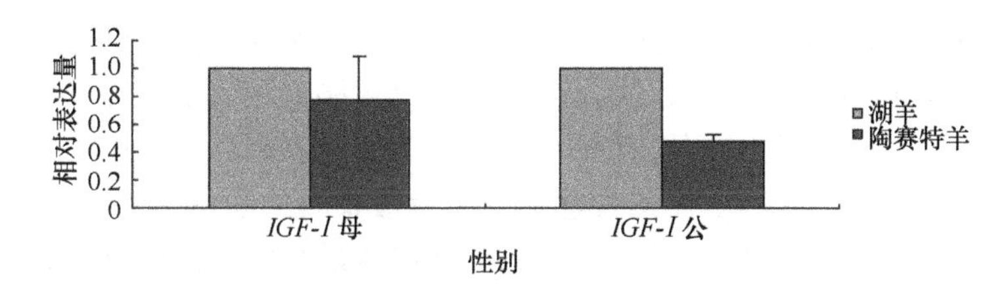

图 2-18　6 月龄湖羊与陶赛特羊的公羊与母羊 *IGF-Ⅰ*表达差异的分别比较
（$2^{-\Delta\Delta Ct}$法，湖羊为内对照组）

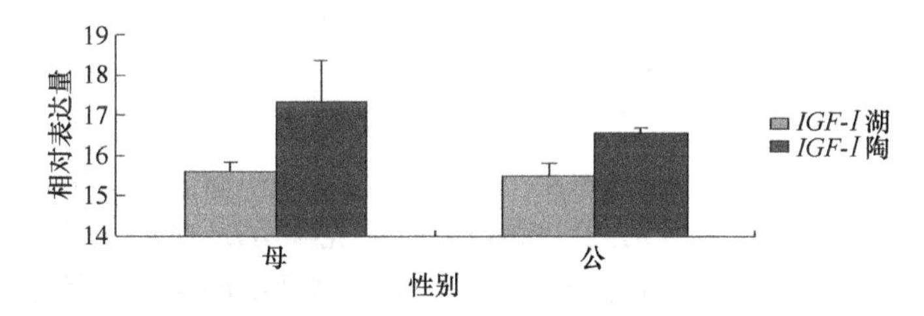

图 2-19　6 月龄湖羊与陶赛特羊的公羊与母羊 *IGF-Ⅰ*表达差异的分别比较（Δ*Ct* 法）

因子。*IGF-Ⅰ*对动物的生长发育和繁殖都有促进的作用，已证明哺乳动物的 *IGF-Ⅰ*基因是介导 *GH* 促生长效应的主要因子。

胥清富（2002）的研究发现，背最长肌 *IGF-Ⅰ* mRNA 相对丰度在性别之间差异不明显（$P>0.05$）。本研究中，在出生后的各个阶段，除 3 月龄外，*IGF-Ⅰ*在公羊背最长肌中的表达量均高于母羊；2 日龄、1 月龄存在显著性差异（$0.01<P<0.05$），3 月龄存在极显著差异（$P<0.01$）。这可能说明 *IGF-Ⅰ*对早期绵羊肌肉生长作用，公羊要大于母羊，本研究与胥清富的研究结果不大一致，表明 *IGF-Ⅰ*在不同性别肌肉中表达的差异性与所选取的物种或品种有关，而本研究各月龄间，公羊与母羊肌肉中 *IGF-Ⅰ*的表达也存在差异性，总体上，公羊中 *IGF-Ⅰ*的表达要高于母羊，表明性别间的差异也与所选取的生长阶段有关。

Gerrard 等（1998）研究发现，猪胎儿半腱肌 *IGF-Ⅰ* mRNA 水平从怀孕 44 天到怀孕末期随着胎龄的增加而增加，出生后进一步增加，21 日龄时达到峰值，成年时下降。Gotz 等（2001）用免疫组化方法观察到，11～22 周龄猪骨骼肌纤维中 *IGF- I* 变化水平与血中 *IGF- I* 变化一致。胥清富（2002）观察到二花脸猪和大约克猪背最长肌 *IGF- I* mRNA 表达从出生到 30 日龄无明显变化，30～90 日龄显著增加，随后保持在较高水平。顾以韧等（2009）的研究结果表明，长白猪和梅山猪两种猪出生后 *IGF- I* mRNA 表达量均表现为逐渐上调。黄治国和谢庄（2009）研究发现，新疆细毛羊 *IGF- I* mRNA 表达量波动较大，2 日龄较高，30 日龄略有下降，60 日龄上升到最高峰，90 日龄又降至最低水平，然后又回升。本研究中，出生后随着月龄的增加，母羊 *IGF- I* 在背最长肌的表达趋势为：由 2 日龄开始依次升高最后于 6 月龄到达最高点，这与顾以韧等（2009）的研究结果基本一致；公羊 *IGF- I* 在背最长肌的表达趋势为：先升高到 1 月龄到达一个峰值，1 月龄到 3 月龄为一个降低的过程，并于 3 月龄降至与出生接近相等的水平，此后随月龄增加逐渐升高，并于 6 月龄到达最高点，这与黄治国和谢庄（2009）的研究结果基本一致。总体而言，*IGF- I* 在两种性别的羊背最长肌的表达趋势是逐渐上升的。

胥清富（2002）的研究结果发现，*IGF- I* 在背最长肌中的表达有品种差异，大白猪明显高于二花脸猪（$0.01<P<0.05$）。在本研究可以看出，*IGF- I* 在 6 月龄公、母羊的背最长肌的表达量湖羊均高于陶赛特羊，且 6 月龄公羊间存在极显著差异。本研究发现品种因素对 *IGF- I* 的表达有重要影响，这个结果与胥清富的大致相同，但是在胥清富（2002）的研究结果中，国外猪种大白猪的 *IGF- I* 的表达水平高于地方猪种二花脸，而本研究中，6 月龄地方绵羊品种湖羊却高于陶塞特羊，这与胥清富（2002）的结果不同，也与黄治国和谢庄（2009）的研究结果略有不同，在后者的研究中，在 2～60 日龄哈萨克羊 *IGF- I* 的表达量低于新疆细毛羊，但 90 日龄时高于新疆细毛羊，这究竟是由物种不同从而导致表达水平变化趋势相反，还是因为本研究只涉及 6 月龄这一个生长阶段从而不足以判断其余阶段呢？这有待于扩大两个品种比较的生长阶段进行研究。

第四节　*MSTN* 基因在背最长肌中的表达分析

一、实验设计

实验羊只均购自苏州市种羊场。实验湖羊涉及 6 个阶段，包括：2 日龄、1 月龄、2 月龄、3 月龄、4 月龄、6 月龄每阶段 3 公 3 母共 36 只，每个阶段选择饲养条件相同、生长发育良好、体重相近、日龄相近（出生日期相差不超过 5 天）羊进行屠宰，屠宰前 24h 停食、2h 停水。并采集 6 月龄陶赛特羊 6 只（3 公 3 母）作为对照群体。快速采集背最长肌后于液氮罐保存，4h 内运回实验室，同时记录屠宰羊宰前活重、胴体重和净肉重。

实验采用的主要试剂及试剂盒有：r*Taq* 酶、dNTP、PrimerScript RT reagent Kit、

SYBR Green Realtime PCR Master Mix（购自 TaKaRa 公司）；焦炭酸二乙酯（DEPC）（购自北京百泰克公司）；Trizol（购自 Invitrogen 公司）；Goldview 核酸染料（购自 SBS Genetech 公司）。

引物由 primer express 2.0 软件设计，由上海英俊生物技术有限公司合成。

实验采用的主要仪器设备有：Centrifuge 5804R 冷冻离心机；Minispin 离心机（德国 Eppendorf 公司）；SW-CJ-1F 单人双面超净工作台（苏州净化设备有限公司）；DHG-9203A 型电热恒温鼓风干燥箱（上海精宏设备有限公司）；YDS-6 型液氮生物容器（成都金凤液氮容器有限公司）；恒温金属浴 CHB-100（杭州博日科技有限公司）；THZ-22 台式恒温振荡器（江苏太仓市实验设备厂）；901B 磁力搅拌器（上海司乐仪器有限公司）；SIM-F124 制冰机（日本三洋）；XW-80A 微型漩涡混合仪（上海沪西分析仪器厂有限公司）；ABI7900 型荧光定量 PCR 仪（ABI 公司）。

实验器皿的处理注意事项：所有的采样器具及 RNA 操作台均进行无 RNA 酶处理；金属盒玻璃器具充分洗净后，在 200℃烘箱中烘烤 5h；塑料试管、吸头等用 0.1% DEPC 水浸泡 24h 以上，然后进行高压、烘干待用。

根据 Trizol Regent Kit 说明书上的方法提取总 RNA。参照 GenBank 公布的绵羊基因序列分别对 *MSTN* 和 18S rRNA 设计引物，用于扩增绵羊 *MSTN* 及 18S rRNA（真核）基因片段的实时荧光定量 PCR 引物见表 2-13。

表 2-13 用于扩增绵羊 *MSTN* 及 18S rRNA（真核）基因片段的实时荧光定量 PCR 引物

基因	参考序列	引物	产物长度/bp
MSTN	AF019622	SF：CGCCTGGAAACAGCTCCTAAC	119
		SR：CCGTCGCTGCTGTCATCTCT	
18S rRNA（真核）	AY753190	SF：CGGCTACCACATCCAAGGAA	299
		SR：GCTGGAATTACCGCGGCT	

注：SF 为上游引物，SR 为下游引物

cDNA 第一链的合成按如下方法：从–80℃冰箱中取出 RNA，在室温下解冻，然后在 0.2ml PCR 管中配制反应溶液。反转录反应体系为 10μl，包括：总 RNA 0.5μl，Oligo dT 0.5μl，Random 6 mers 0.5μl，PrimerScript Buffer 2μl，PrimerScript RT Enzyme MixⅠ 0.5μl，RNase free H_2O 补至 10μl。将 PCR 管置于 PCR 仪中进行反应，37℃保温 15min 后，85℃变性 5s。

将合成的 cDNA 产物做一系列浓度梯度稀释，使用 ABI7900 型荧光定量 PCR 仪进行定量分析。每个样品的 *MSTN* 基因的表达用 18S rRNA（真核）作为内参基因。按照 SYBR GreenI 试剂盒（TaKaRa 公司）推荐的体系，在其他条件相同的情况下，对退火温度（53～63℃）和引物浓度进行优化，然后以优化的退火温度、引物浓度进行实验。最佳反应体系为 10μl，这包括：上、下游引物各 0.2μl，ROX Reference Dye 0.2μl，H_2O 3.4μl，SYBR Green Realtime PCR Master Mix 5μl，模板

1μl，混合样品，不能使其产生气泡。反应条件：95℃ 15s，95℃ 5s，60℃ 30s，40 个循环。阴性对照用 1μl 灭菌水代替模板。每个样品检测做 3 管平行实验。根据电脑自动分析荧光信号将其转换为 *MSTN* 基因的起始拷贝数 *Ct* 值，根据各样品的 *Ct* 值计算其起始模板拷贝数。

样品设置相同的阈值线，采用 SPSS16.0 计算重复样品间 *Ct* 均值及标准偏差，采用 $2^{-\Delta\Delta Ct}$ 方法处理数据（柳玲，2007），分析基因相对表达差异量。ΔCt=Ct（目的基因）−Ct（内参基因）；湖羊同月龄不同性别比较中 $\Delta\Delta Ct$=ΔCt（公）−ΔCt（母）；湖羊同性别不同月龄比较中 $\Delta\Delta Ct$=ΔCt（其他某月龄）−ΔCt（二日龄）；6 月龄同性别不同绵羊品种（湖羊与陶赛特羊）比较中 $\Delta\Delta Ct$=ΔCt（陶赛特羊）− ΔCt（湖羊）；$2^{-\Delta\Delta Ct}$ 表示实验组目的基因的表达相对于对照组变化的倍数。湖羊同月龄不同性别的比较，以及同月龄同性别湖羊与陶赛特羊间的比较用 *t* 检验进行显著性分析，湖羊同性别不同月龄间的比较采用单因素方差分析（ANOVA）进行显著性分析，mRNA 转录量用平均值±标准误表示。同时，用 ΔCt 的变化趋势柱状图来加以验证（ΔCt 值大小与表达量的大小为负相关）。

二、结果与分析

（一）总 RNA 提取与质量检测

总 RNA 通过 1%琼脂糖凝胶电泳检测，显示清晰的 28S rRNA 和 18S rRNA 条带，核酸蛋白分析仪检测，A_{260}/A_{280}≥1.8，提示 RNA 完整性和质量较好（图 2-1）。

（二）扩增产物特异性

溶解曲线分析发现 *MSTN* 及 18S rRNA 基因的 PCR 产物均呈较为锐利的单一峰（图 2-20）。由图 2-20 可见，排除了形成引物二聚体和非特异性产物对结果带来的影响的可能，同时说明设计的引物有很好的特异性，PCR 得到了较好的优化。

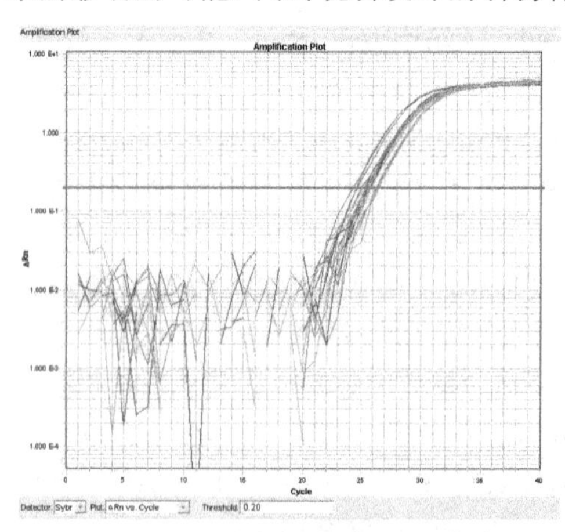

*MSTN*基因的扩增曲线

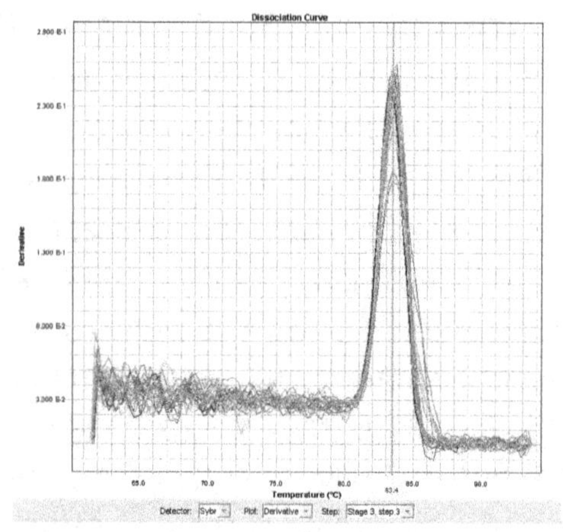

*MSTN*基因的溶解曲线

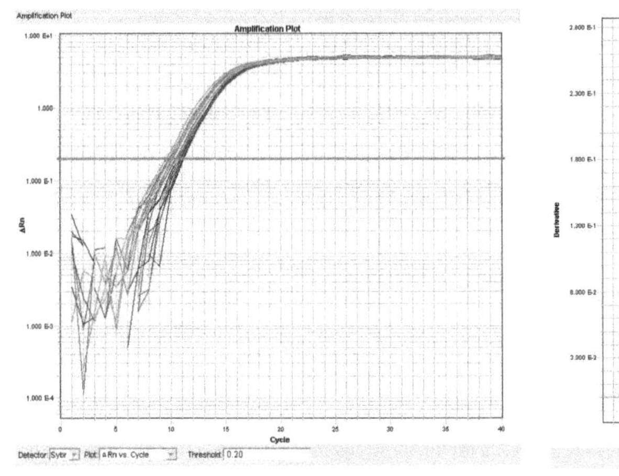

18S rRNA基因的扩增曲线

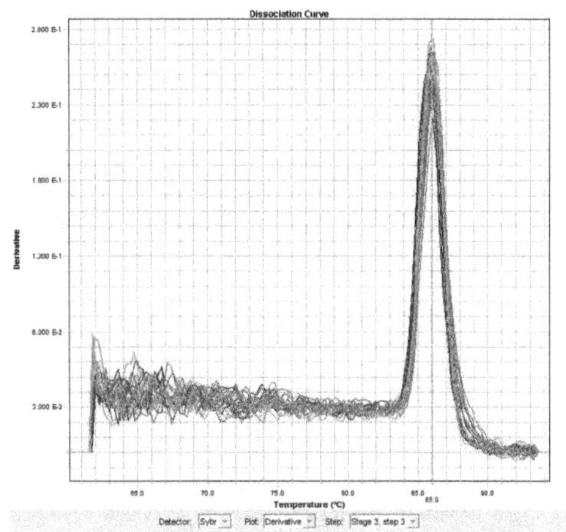

18S rRNA基因的溶解曲线

图 2-20 *MSTN* 及 18S rRNA（真核）的扩增曲线与溶解曲线

MSTN 及 18S rRNA 基因的溶解温度分别为 83.1℃、85.0℃，阴性对照无扩增产物。*MSTN* 及 18S rRNA 基因的扩增效率分别为 99.9%、99.8%。

（三）*MSTN* 基因在背最长肌中的相对表达变化

1. *MSTN* 基因不同性别、不同月龄、不同品种表达差异分析

从表 2-14 可以看出，*MSTN* 在湖羊公羊与母羊的相对表达水平在 3 月龄存在极显著差异（$P<0.01$），其他月龄差异不显著（$P>0.05$）。从表 2-15 可以看出，在母羊中 6 月龄与 4 月龄、2 月龄、3 月龄、1 月龄、2 日龄存在极显著差异（$P<0.01$），4 月龄与 2 月龄、3 月龄、1 月龄、2 日龄存在极显著差异（$P<0.01$），2 月龄与 2 日龄存在极显著差异（$P<0.01$），2 月龄与 1 月龄存在显著差异（$0.01<P<0.05$），其他生长阶段间差异不显著（$P>0.05$）；在公羊中 3 月龄和 6 月龄与 1 月龄和 2 日龄存在显著差异（$0.01<P<0.05$），其中 3 月龄与 2 日龄存在极显著差异（$P<0.01$），其他生长阶段间差异不显著（$P>0.05$）。由表 2-16 可以看出，6 月龄的湖羊和陶赛特羊公羊中，*MSTN* 表达差异不显著（$P>0.05$），母羊中存在极显著差异（$P<0.01$）。本研究中 *MSTN* 在不同生长阶段之间、不同性别间及 6 月龄不同的品种间大量存在显著或极显著差异，这表明不同生长阶段、性别、品种对于 *MSTN* 基因在绵羊肌肉组织中的表达具有重要影响。

表 2-14 *MSTN* 在湖羊各月龄不同性别的表达差异分析（$2^{-\Delta\Delta Ct}$ 法）

性别	2 日龄	1 月龄	2 月龄	3 月龄	4 月龄	6 月龄
母	1m	1m	1m	1M	1m	1m
公	1.4920±0.3329m	1.2744±0.3550m	1.2698±0.3391m	2.1274±0.3633N	0.7809±0.1648m	0.9232±0.0869m

注：M（m）、N（n）系列的字母表示的是同月龄内不同性别间的多重比较结果；同列相同字母表示差异不显著，不同大写字母表示差异极显著

表 2-15　*MSTN* 在湖羊同性别的各月龄的表达变化的方差分析（$2^{-\Delta\Delta Ct}$ 法）

性别	2 日龄	1 月龄	2 月龄	3 月龄	4 月龄	6 月龄
母	1Dd	1.1317±0.1280CDd	1.5391±0.0721Cc	1.3025±0.1111CDcd	2.1940±0.1832Bb	2.7550±0.2198Aa
公	1Bb	1.0853±0.3023ABb	1.5444±0.4124ABab	2.1371±0.3649Aa	1.3261±0.2799ABab	1.9765±0.1860ABa

注：A（a）、B（b）、C（c）系列的字母表示的是同性别内不同月龄间的多重比较结果；同行相同字母表示差异不显著，不同小写字母表示差异显著，不同大写字母表示差异极显著

表 2-16　*MSTN* 在同性别的 6 月龄湖羊与陶赛特羊表达差异的比较分析（$2^{-\Delta\Delta Ct}$ 法）

	公羊	母羊
湖羊	1m	1M
陶赛特羊	0.9011±0.2016m	0.4140±0.1141N

注：M（m）、N（n）系列的字母表示的是同月龄内不同品种间的多重比较结果；同列相同字母表示差异不显著，不同大写字母表示差异极显著

2. *MSTN* 基因表达趋势分析

由图 2-21 可以看出，在出生后的各个阶段，除 4 月龄、6 月龄外，*MSTN* 在公羊背最长肌中的表达量均高于母羊。

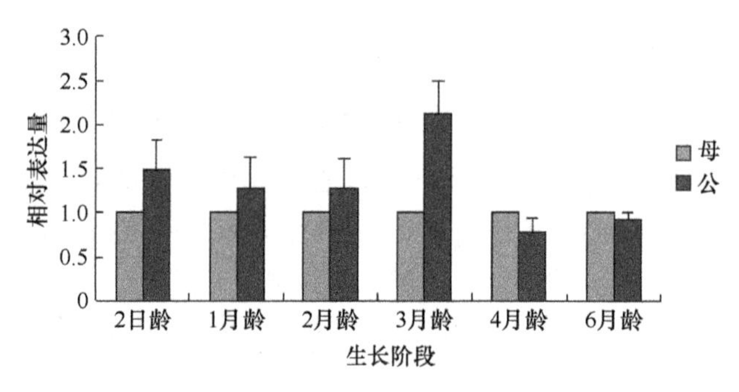

图 2-21　各月龄不同性别湖羊 *MSTN* 的表达差异（$2^{-\Delta\Delta Ct}$ 法，母羊为内对照组）

由图 2-22 可以看出，出生后随着月龄的增加，母羊 *MSTN* 在背最长肌的表达趋势为：除在 3 月龄略有下降外，2 日龄到 6 月龄大体上处于一个上升的过程，

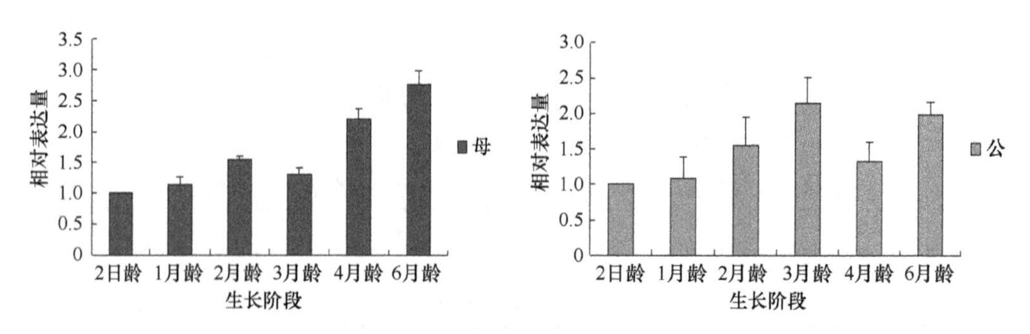

图 2-22　湖羊公、母羊各月龄 *MSTN* 的表达变化（$2^{-\Delta\Delta Ct}$ 法，2 日龄为内对照组）

并于 6 月龄到达最高点；公羊 *MSTN* 在背最长肌的表达趋势为：2 日龄到 3 月龄处于一个上升的过程，于 3 月龄到达最高点，3 月龄到 4 月龄相对表达下降，4 月龄到 6 月龄又逐渐上升。

利用图 2-23Δ*Ct* 的变化趋势，可以得到与图 2-21 和图 2-22 结果相似的趋势。

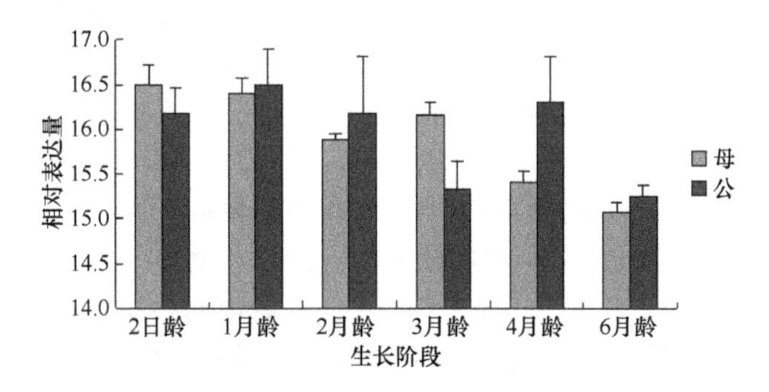

图 2-23　不同月龄、不同性别湖羊 *MSTN* 基因的表达变化（Δ*Ct* 法）

由图 2-24 可以看出，*MSTN* 在 6 月龄公、母羊的背最长肌的表达量湖羊均高于陶赛特羊。图 2-25 的趋势结果印证了图 2-24 的判断。

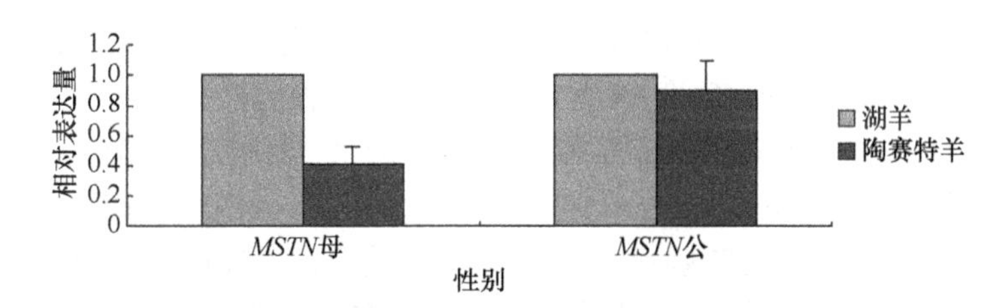

图 2-24　6 月龄湖羊与陶赛特羊的公羊与母羊 *MSTN* 表达差异的分别比较（$2^{-\Delta\Delta Ct}$法，湖羊为内对照组）

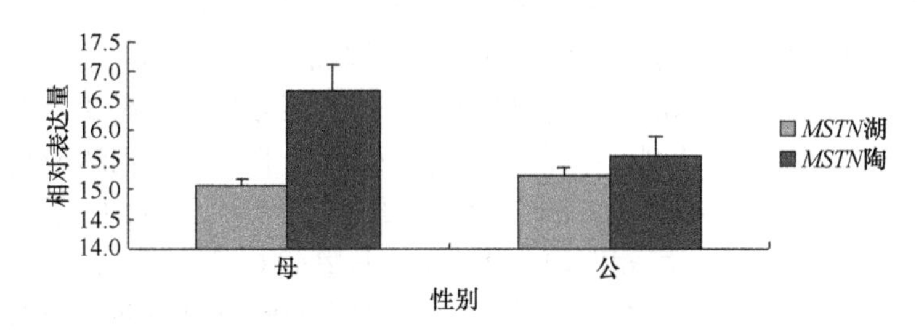

图 2-25　6 月龄湖羊与陶赛特羊的公羊与母羊 *MSTN* 表达差异的分别比较（Δ*Ct* 法）

三、讨论

肌肉生长抑制素（myostatin，MSTN）简称肌抑素，又称 GDF-8，作为 TGF-β 超家族的一员，它是骨骼肌生长发育的负调控因子。McPherron 等（1997）和 Zhu

分别利用基因敲除技术和转基因技术证明了基因突变及转基因后的小鼠肌肉重量增大。Wehling 等（2000）发现经卸载 10 天后诱导后腿肌肉萎缩导致跖肌肌肉量下降 16%，*MSTN* mRNA 的表达量提高了 110%，并且肌抑素蛋白也提高了 37%。Whittemore 等（2003）给 5～8 周龄的 C57B1/6 正常成年鼠给予 *MSTN* 抑制剂 JA16 单克隆抗体，不仅特异性地提高了肌肉骨骼肌量，也提高了肌肉的力量；他同时还认为，*MSTN* 对成熟肌肉作用的一种模式是维持卫星细胞或肌肉干细胞的休眠状态。*MSTN* 活性降低将使这些细胞活化，并融合入已存在的细胞中，从而导致肌纤维肥大。

杨晓静等（2006）的研究结果表明，二花脸公猪和母猪中 *MSTN* mRNA 表达差异显著（$0.01<P<0.05$）。孙伟等（2010）发现，*MSTN* 在湖羊公羊与母羊之间除了在 2 日龄差异不显著外，其余在各相同生长阶段间存在显著或极显著差异，公羊高于母羊。本研究中，在出生后的各个阶段，除 4 月龄、6 月龄外，*MSTN* 在公羊背最长肌中的表达量均高于母羊，除了 3 月龄公母存在极显著差异（$P<0.01$）外，其余各阶段不同性别间差异不显著（$P>0.05$）。这与杨晓静等（2006）、孙伟等（2010）得出的结论大体一致，即 *MSTN* 基因在背最长肌中的表达在不同性别之间存在一定差异。

Ji 等（1998）发现，猪 *MSTN* 基因的 mRNA 在胎儿发育的第 21 天和第 35 天即可在整个胚胎中检测到，至第 49 天时明显上升（$0.01<P<0.05$）；从妊娠第 105 天到出生，背最长肌 *MSTN* mRNA 水平显著下降（$0.01<P<0.05$），至出生后 2 周龄达到最低点；到体重达 55kg、107kg 和 162kg 时，*MSTN* 的表达水平又显著升高（$0.01<P<0.05$）。杨晓静等（2006）研究发现，二花脸公猪 *MSTN* mRNA 表达水平在出生后 3 日龄较低，以后随着日龄的增加其表达水平上调，45 日龄达到最高，其表达量显著高于其他日龄（$0.01<P<0.05$），随后下降。孙伟等（2010）发现，*MSTN* 基因在湖羊公羊和母羊肌肉中在 2 日龄表达水平最低，并随着日龄增加而增加，直到 60 日龄为止，而后随着年龄增加呈下降趋势。本研究中，出生后随着月龄的增加，母羊 *MSTN* 在背最长肌的表达趋势为：除在 3 月龄略有下降外，2 日龄到 6 月龄大体上处于一个上升的过程，并于 6 月龄到达最高点；公羊 *MSTN* 在背最长肌的表达趋势为：2 日龄到 3 月龄处于一个上升的过程，于 3 月龄到达最高点，3 月龄到 4 月龄相对表达下降，4 月龄到 6 月龄又逐渐上升。综合其他文献及本研究结果，说明 *MSTN* 基因的表达并不是随着月龄的增加而一直增加或者下降，而是在某个时间分割点 *MSTN* 基因对肌肉的增长起正调控或负调控作用，而这个分割的时间点在不同物种间可能是不同的，且不同品种 *MSTN* 在背最长肌中的表达趋势也可能存在差异。

杨晓静等（2006）的研究结果表明，20 日龄大白猪的表达显著高于二花脸猪，其他日龄，*MSTN* 表达在品种间没有出现显著性差异。本研究中，*MSTN* 在 6 月龄公、母羊的背最长肌的表达量湖羊均高于陶赛特羊，且母羊中两品种存在极显著差异，公羊中不存在显著性差异。由于本研究并没有比较除 6 月龄外，其他生长阶段湖羊和陶赛特羊肌肉中 *MSTN* 的表达，且不同品种的公羊间，这种差异并不显著说明 6 月龄绵羊 *MSTN* 的表达存在品种差异。但是不排除品种之间的差异或许与所选取的生长阶段及性别有关，更为详细的品种间差异分析有待进行其他生长阶段的比较研究。

第五节　*MyoG* 基因在背最长肌中的表达分析

一、实验设计

实验羊只均购自苏州市种羊场。实验湖羊涉及 6 个阶段，包括：2 日龄、1 月龄、2 月龄、3 月龄、4 月龄、6 月龄每阶段 3 公 3 母共 36 只，每个阶段选择饲养条件相同、生长发育良好、体重相近、日龄相近（出生日期相差不超过 5 天）羊进行屠宰，屠宰前 24h 停食、2h 停水。并采集 6 月龄陶赛特羊 6 只（3 公 3 母）作为对照群体。快速采集背最长肌后于液氮罐保存，4h 内运回实验室，同时记录屠宰羊宰前活重、胴体重和净肉重。

实验采用的主要试剂及试剂盒有：r*Taq* 酶、dNTP、PrimerScript RT reagent Kit、SYBR Green Realtime PCR Master Mix（购自 TaKaRa 公司）；焦炭酸二乙酯（DEPC）（购自北京百泰克公司）；Trizol（购自 Invitrogen 公司）；Goldview 核酸染料（购自 SBS Genetech 公司）。

引物由 primer express 2.0 软件设计，由上海英俊生物技术有限公司合成。

实验采用的主要仪器设备有：Centrifuge 5804R 冷冻离心机；Minispin 离心机（德国 Eppendorf 公司）；SW-CJ-1F 单人双面超净工作台（苏州净化设备有限公司）；DHG-9203A 型电热恒温鼓风干燥箱（上海精宏设备有限公司）；YDS-6 型液氮生物容器（成都金凤液氮容器有限公司）；恒温金属浴 CHB-100（杭州博日科技有限公司）；THZ-22 台式恒温振荡器（江苏太仓市实验设备厂）；901B 磁力搅拌器（上海司乐仪器有限公司）；SIM-F124 制冰机（日本三洋）；XW-80A 微型漩涡混合仪（上海沪西分析仪器厂有限公司）；ABI7900 型荧光定量 PCR 仪（ABI 公司）。

实验器皿的处理注意事项：所有的采样器具及 RNA 操作台均进行无 RNA 酶处理；金属盒玻璃器具充分洗净后，在 200℃烘箱中烘烤 5h；塑料试管、吸头等用 0.1% DEPC 水浸泡 24h 以上，然后进行高压、烘干待用。

根据 Trizol Regent Kit 说明书上的方法提取总 RNA。参照 GenBank 公布的绵羊基因序列分别对 *MyoG* 和 18S rRNA 设计引物，用于扩增绵羊 *MyoG* 及 18S rRNA（真核）基因片段的实时荧光定量 PCR 引物见表 2-17。

cDNA 第一链的合成按如下方法：从–80℃冰箱中取出 RNA，在室温下解冻，然后在 0.2ml PCR 管中配制反应溶液。反转录反应体系为 10μl，包括：总 RNA

表 2-17 用于扩增绵羊 *MyoG* 及 18S rRNA（真核）基因片段的实时荧光定量 PCR 引物

基因	参考序列	引物	产物长度/bp
MyoG	AF433651	SF：AATGAAGCCTTCGAGGCCC SR：CGCTCTATGTACTGGATGGCG	101
18S rRNA（真核）	AY753190	SF：CGGCTACCACATCCAAGGAA SR：GCTGGAATTACCGCGGCT	299

注：SF 为上游引物，SR 为下游引物

0.5μl，Oligo dT 0.5μl，Random 6 mers 0.5μl，PrimerScript Buffer 2μl，PrimerScript RT Enzyme Mix Ⅰ 0.5μl，RNase free H_2O 补至 10μl。将 PCR 管置于 PCR 仪中进行反应，37℃保温 15min 后，85℃变性 5s。

将合成的 cDNA 产物做一系列浓度梯度稀释，使用 ABI7900 型荧光定量 PCR 仪进行定量分析。每个样品的 *MyoG* 基因的表达用 18S rRNA（真核）作为内参基因。按照 SYBR GreenI 试剂盒（TaKaRa 公司）推荐的体系，在其他条件相同的情况下，对退火温度（53～63℃）和引物浓度进行优化，然后以优化的退火温度、引物浓度进行实验。最佳反应体系为 10μl，这包括：上、下游引物各 0.2μl，ROX Reference Dye 0.2μl，H_2O 3.4μl，SYBR Green Realtime PCR Master Mix 5μl，模板 1μl，混合样品，不能使其产生气泡。反应条件：95℃ 15s，95℃ 5s，60℃ 30s，40 个循环。阴性对照用 1μl 灭菌水代替模板。每个样品检测做 3 管平行实验。根据电脑自动分析荧光信号将其转换为 *MyoG* 基因的起始拷贝数 *Ct* 值，根据各样品的 *Ct* 值计算其起始模板拷贝数。

样品设置相同的阈值线，采用 SPSS16.0 计算重复样品间 *Ct* 均值及标准偏差，采用 $2^{-\Delta\Delta Ct}$ 方法处理数据（柳玲，2007），分析基因相对表达差异量。ΔCt=*Ct*（目的基因）−*Ct*（内参基因）；湖羊同月龄不同性别比较中 $\Delta\Delta Ct$=ΔCt（公）−ΔCt（母）；湖羊同性别不同月龄比较中 $\Delta\Delta Ct$=ΔCt（其他某月龄）−ΔCt（二日龄）；6 月龄同性别不同绵羊品种（湖羊与陶赛特羊）比较中 $\Delta\Delta Ct$=ΔCt（陶赛特羊）− ΔCt（湖羊）；$2^{-\Delta\Delta Ct}$ 表示实验组目的基因的表达相对于对照组变化的倍数。湖羊同月龄不同性别的比较，以及同月龄同性别湖羊与陶赛特羊间的比较用 *t* 检验进行显著性分析，湖羊同性别不同月龄间的比较采用单因素方差分析（ANOVA）进行显著性分析，mRNA 转录量用平均值±标准误表示。同时，用 ΔCt 的变化趋势柱状图来加以验证（ΔCt 值大小与表达量的大小为负相关）。

二、结果与分析

（一）总 RNA 提取与质量检测

总 RNA 通过 1%琼脂糖凝胶电泳检测，显示清晰的 28S rRNA 和 18S rRNA

条带，核酸蛋白分析仪检测，$A_{260}/A_{280} \geqslant 1.8$，提示 RNA 完整性和质量较好（图 2-1）。

（二）扩增产物特异性

溶解曲线分析发现 *MyoG* 及 18S rRNA 基因的 PCR 产物均呈较为锐利的单一峰（图 2-26）。由图 2-26 可见，排除了形成引物二聚体和非特异性产物对结果带来的影响的可能，同时说明设计的引物有很好的特异性，PCR 得到了较好的优化。*MyoG* 及 18S rRNA 基因的溶解温度分别为 87.3℃、85.0℃，阴性对照无扩增产物。*MyoG* 及 18S rRNA 基因的扩增效率分别为 99.6%、99.8%。

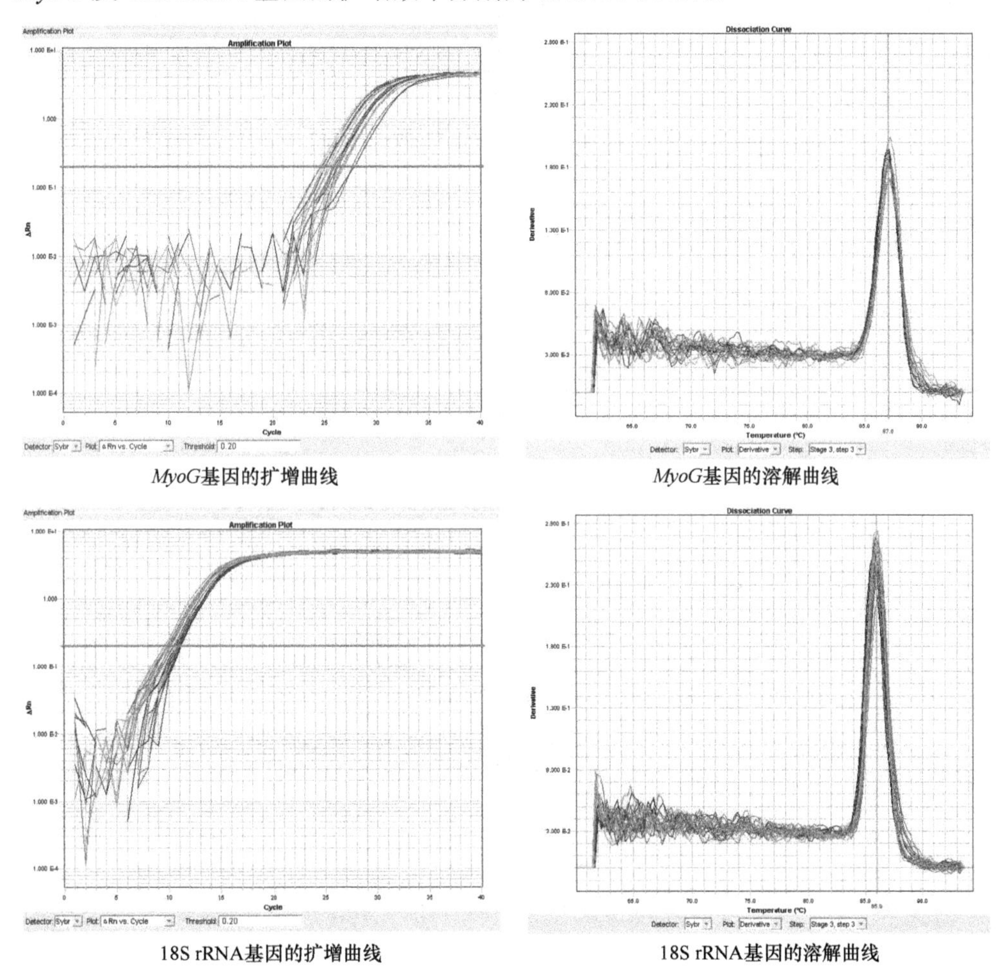

*MyoG*基因的扩增曲线　　*MyoG*基因的溶解曲线

18S rRNA基因的扩增曲线　　18S rRNA基因的溶解曲线

图 2-26　*MyoG* 及 18S rRNA（真核）的扩增曲线与溶解曲线

（三）*MyoG* 基因在背最长肌中的相对表达变化

1. *MyoG* 基因不同性别、不同月龄、不同品种表达差异分析

从表 2-18 可以看出，*MyoG* 在湖羊公羊与母羊的相对表达水平在各个月龄差异均不显著（$P>0.05$），公羊均高于母羊。从表 2-19 可以看出，在母羊中 6 月龄与 2 月龄、2 日龄、4 月龄存在显著差异（$0.01<P<0.05$），3 月龄和 1 月龄存在显著差异（$0.01<P<0.05$），4 月龄与 3 月龄、1 月龄存在显著差异（$0.01<P<0.05$），2 月龄与 1 月龄、3 月龄存在显著差异（$0.01<P<0.05$），其中 6 月龄与 2 日龄、4 月龄存在极显著差异（$P<0.01$），4 月龄与 3 月龄及 3 月龄与 2 日龄之间存在极显著差异（$P<0.01$），其他生长阶段间差异不显著（$P>0.05$）；在公羊中 6 月龄和 2 日龄存在极显著差异（$P<0.01$），其他生长阶段间差异不显著（$P>0.05$）。由表 2-20 可以看出，6 月龄的湖羊和陶赛特羊公羊中，*MyoG* 表达差异不显著（$P>0.05$），母羊中存在极显著差异（$P<0.01$）。本研究中 *MyoG* 基因在不同生长阶段之间、不同性别间及 6 月龄不同的品种间大都存在显著或极显著差异，这表明不同生长阶段、性别、品种对于 *MyoG* 基因在绵羊肌肉组织中的表达具有重要影响。

表 2-18　*MyoG* 在湖羊各月龄不同性别的表达差异分析（$2^{-\Delta\Delta Ct}$法）

性别	2 日龄	1 月龄	2 月龄	3 月龄	4 月龄	6 月龄
母	1m	1m	1m	1m	1m	1m
公	1.4374±0.3378m	1.0964±0.2773m	1.2354±0.2379m	1.0754±0.2010m	1.5359±0.2568m	1.0131±0.1381m

注：M（m）、N（n）系列的字母表示的是同月龄内不同性别间的多重比较结果；同列相同字母表示差异不显著

表 2-19　*MyoG* 在湖羊同性别的各月龄的表达变化的方差分析（$2^{-\Delta\Delta Ct}$法）

性别	2 日龄	1 月龄	2 月龄	3 月龄	4 月龄	6 月龄
母	1Bc	1.7312±0.1239ABab	1.3807±0.0842ABbc	2.0525±0.5048Aab	0.9836±0.1290Bc	2.2763±0.2257Aa
公	1Bb	1.8086±0.4574ABab	1.6339±0.3146ABab	1.3798±0.2579ABab	1.3788±0.2305ABab	2.1609±0.2947Aa

注：A（a）、B（b）、C（c）系列的字母表示的是同性别内不同月龄间的多重比较结果；同行相同字母表示差异不显著，不同小写字母表示差异显著，不同大写字母表示差异极显著

表 2-20　*MyoG* 在同性别的 6 月龄湖羊与陶赛特羊表达差异的比较分析（$2^{-\Delta\Delta Ct}$法）

	公羊	母羊
湖羊	1m	1M
陶赛特羊	0.9480±0.0933m	0.5484±0.1844N

注：M（m）、N（n）系列的字母表示的是同月龄内不同品种间的多重比较结果；同列相同字母表示差异不显著，不同大写字母表示差异极显著

2. *MyoG* 基因表达趋势分析

由图 2-27 可以看出，在出生后的各个阶段，*MyoG* 在公羊背最长肌中的表达量均高于母羊。

由图 2-28 可以看出，出生后随着月龄的增加，母羊 *MyoG* 在背最长肌的表达

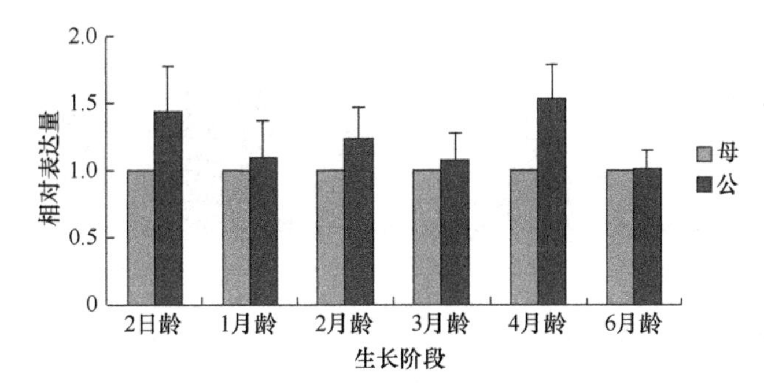

图 2-27　各月龄不同性别湖羊 *MyoG* 的表达差异（$2^{-\Delta\Delta Ct}$法，母羊为内对照组）

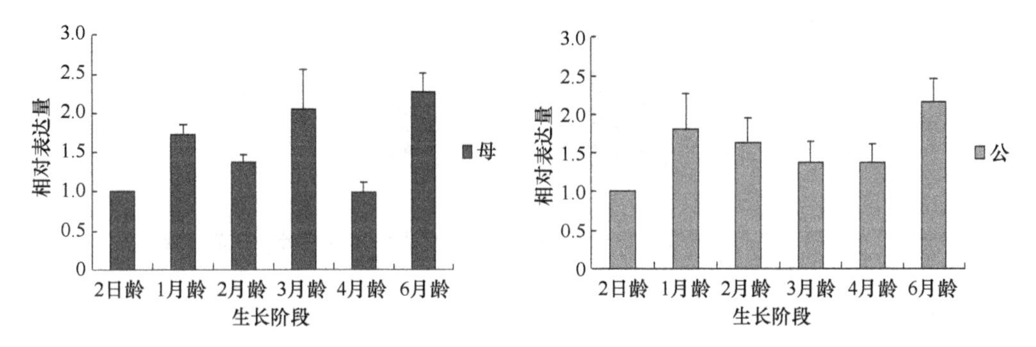

图 2-28　湖羊公、母羊各月龄 *MyoG* 的表达变化（$2^{-\Delta\Delta Ct}$法，2 日龄为内对照组）

趋势为：先升高后降低再升高再降低最后再升高，最后 6 月龄到达最高点；公羊 *MyoG* 在背最长肌的表达趋势为：2 日龄到 1 月龄处于一个上升的过程，1 月龄以后直到 4 月龄，均为下降的过程，4 月龄到 6 月龄又逐渐上升，并于 6 月龄达到最高点。

利用图 2-29ΔCt 的变化趋势，可以得到与图 2-27 和图 2-28 结果相似的趋势。

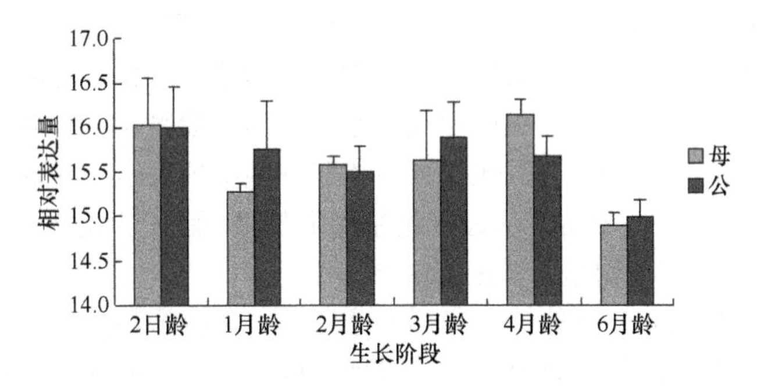

图 2-29　不同月龄、不同性别湖羊 *MyoG* 基因的表达变化（ΔCt 法）

由图 2-30 可以看出，*MyoG* 在 6 月龄公、母羊的背最长肌的表达量湖羊均高于陶赛特羊。图 2-31 的趋势结果印证了图 2-30 的判断。

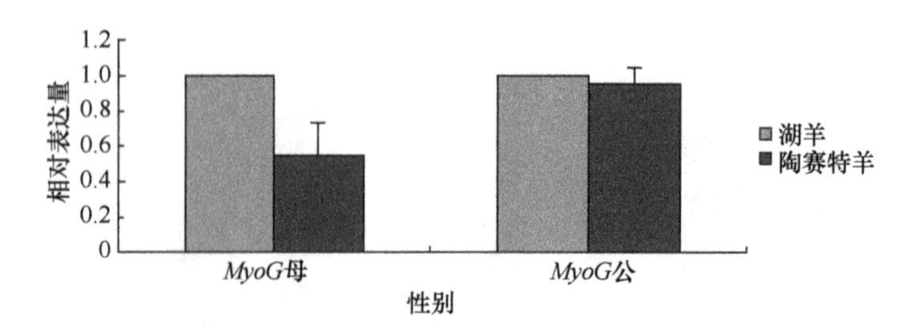

图 2-30　6 月龄湖羊与陶赛特羊的公羊与母羊 *MyoG* 表达差异的分别比较

（$2^{-\Delta\Delta Ct}$法，湖羊为内对照组）

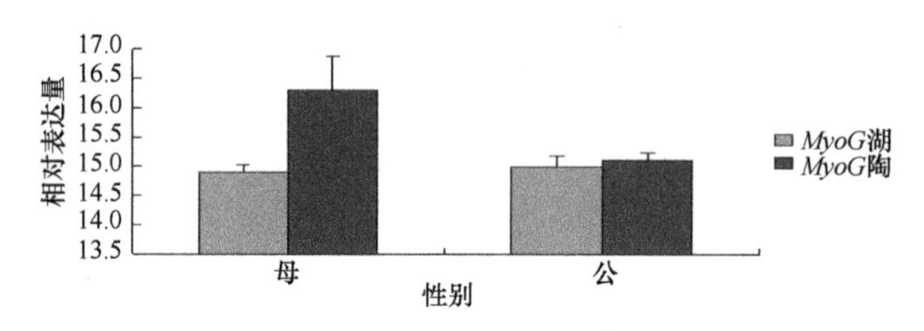

图 2-31　6 月龄湖羊与陶赛特羊的公羊与母羊 *MyoG* 表达差异的分别比较（ΔCt 法）

三、讨论

肌细胞生成素（myogenin，MyoG）是调节骨骼肌发育的重要因子，*MyoG* 是生肌决定因子（myogenin determination gene，MyoD）基因家族的成员之一。*MyoG* 基因是 MyoD 家族中唯一在所有骨骼肌细胞系中均可表达的基因，起关键调节作用。*MyoG* 除了可以调节其自身的表达，也能够与其他 MyoD 家族的成员相互作用，调节彼此基因表达，如 *MyoG* 可以调节 *MRF4* 基因的表达，因此，*MyoG* 基因的遗传变异可能与肌肉生成相关，并最终导致产肉量与肉质的变异。Yablonka-Reuveni 和 Paterson（2001）采用 RT-PCR 研究了 *MyoG*、*MyoD* 基因在鸡胚型成肌细胞和成年型成肌细胞的培养物中从增殖到分化过程的表达，结果发现 *MyoG* 基因和 *MyoD* 基因在鸡胚型成肌细胞的培养物种第一天就迅速转录，分化成肌球蛋白；但是 *MyoG* 基因在成年型成肌细胞中的表达比 *MyoD* 基因迟，说明在鸡胚型成肌细胞中，*MyoG* 基因可能在终末分化，而成年型成肌细胞中，*MyoG* 基因可能在生肌细胞谱系的早期表达。

杨晓静等（2006）和孙伟等（2010）分别对二花脸猪和湖羊 *MyoG* 在背最长肌中表达的性别差异进行了研究，结果发现，同日龄的不同性别二花脸猪、湖羊大多存在显著或极显著差异，且雄性高于雌性。本研究中，在出生后的各个阶段，*MyoG* 在公羊背最长肌中的表达量均高于母羊，但各个月龄差异不显著。研究发现，总体上 *MyoG* 在背最长肌中的表达公羊大于母羊，而本研究中公、母间的差异并不显著，这可能与实验方法的选择不同有关，前两者使用的半定量灰度分析法，本研究为荧光定量的 $2^{-\Delta\Delta Ct}$ 法。

杨晓静等（2006）的研究结果显示，二花脸与大白猪公猪出生后 3 日龄 *MyoG* 基因 mRNA 表达水平较低，20 日龄水平最高，以后随着日龄的增加表达水平逐渐下降；二花脸公猪在 20 日龄和 45 日龄 *MyoG* 基因的 mRNA 表达水平显著上升（$0.01<P<0.05$），以后下降，而 90 日龄二花脸母猪 *MyoG* mRNA 表达水平下调，显著低于其他日龄（$0.01<P<0.05$）。孙伟等（2010）的研究表明，*MyoG* 基因在湖羊公羊肌肉中表达在 2 日龄时最低，在 30 日龄之前随着日龄的增加有增加的趋势，然后在 30 日龄后表达呈下降趋势，直至 120 日龄止，随后又随日龄的增加而增加；母羊基因的表达水平则是在 30 日龄前有增高趋势，随后减少至 90 日龄止，然后又随日龄增加而增加。本研究中，出生后随着月龄的增加，母羊 *MyoG* 在背最长肌的表达趋势为：先升高后降低再升高再降低最后再升高，最后 6 月龄到达最高点；公羊 *MyoG* 在背最长肌的表达趋势为：2 日龄到 1 月龄处于一个上升的过程，1 月龄以后直到 4 月龄，均为下降的过程，4 月龄到 6 月龄又逐渐上升，并于 6 月龄达到最高点。结果表明，湖羊 *MyoG* 基因在肌肉中的表达没有出现随着月龄的增加而一直增加或下降，而是 1 月龄前先增加，1 月龄后随年龄的增加有减少的趋势，但 3 月龄后的公羊、4 月龄后的母羊随着年龄的增加 *MyoG* 基因的表达量又继续增加，这与孙伟等（2010）的研究结果几乎完全一致，与早期杨晓静等（2006）的研究结果相近。

杨晓静等（2006）的研究结果显示，二花脸与大白猪公猪 *MyoG* 在背最长肌中的表达无显著性差异。本研究中，*MyoG* 在 6 月龄公、母羊的背最长肌的表达量湖羊均高于陶赛特羊，公羊中不存在显著差异，母羊中存在极显著差异（$P<0.01$）。本研究与杨晓静等（2006）的结论略有不同，说明不同物种间，*MyoG* 表达的品种差异性可能不同。由于本研究并没有比较除 6 月龄外的其他生长阶段的湖羊和陶赛特羊肌肉中 *MyoG* 的表达，且不同品种的公羊间这种差异并不显著，更为详细的品种间差异比较有待进行不同生长阶段两个绵羊品种间的比较研究。

第六节　*Dlk1*、*GHR*、*IGF-Ⅰ*、*MSTN* 和 *MyoG* 基因表达的关联性分析

由表 2-21 可以看出，*Dlk1*、*GHR*、*IGF-Ⅰ*、*MSTN*、*MyoG* 5 个基因的表达水平之间均为正相关，其中 *Dlk1* 与 *GHR* 基因的相对表达存在显著的正相关（$0.01<P<0.05$），与 *IGF-Ⅰ*、*MSTN* 和 *MyoG* 基因的相对表达存在极显著的正相关（$P<0.01$）；*GHR* 与 *Dlk1* 和 *IGF-Ⅰ* 基因的相对表达存在显著的正相关（$0.01<P<0.05$），与 *MSTN* 和 *MyoG* 基因的相对表达不存在显著的相关性（$P>0.05$）；*IGF-Ⅰ* 与 *GHR* 和 *MSTN* 基因的相对表达存在显著正相关（$0.01<P<0.05$），与 *Dlk1* 和 *MyoG* 基因的相对表达存在极显著的正相关（$P<0.01$）；*MSTN* 与 *IGF-Ⅰ* 基因的

表 2-21 *Dlk1*、*GHR*、*IGF-Ⅰ*、*MSTN* 和 *MyoG* 基因表达的相关分析

指标	*Dlk1*	*GHR*	*IGF-Ⅰ*	*MSTN*	*MyoG*
Dlk1	1	0.411*	0.576**	0.524**	0.458**
GHR	0.411*	1	0.376*	0.200	0.142
IGF-Ⅰ	0.576**	0.376*	1	0.334*	0.464**
MSTN	0.524**	0.200	0.334*	1	0.454**
MyoG	0.458**	0.142	0.464**	0.454**	1

*表示相关关系显著（$P<0.05$），**表示相关关系极显著（$P<0.01$），后同

相对表达存在显著的正相关（$0.01<P<0.05$），与 *Dlk1* 和 *MyoG* 基因的相对表达存在极显著的正相关（$P<0.01$），与 *GHR* 基因的相对表达不存在显著的相关性（$P>0.05$）；*MyoG* 与 *Dlk1*、*IGF-Ⅰ*、*MSTN* 基因的相对表达存在极显著的正相关（$P<0.01$），与 *GHR* 基因的相对表达不存在显著的相关性（$P>0.05$）。

结果显示，这 5 个基因的表达水平大体存在显著的正相关，说明此 5 个基因可能存在相互促进的作用。

Dlk1 作为 Notch 相关信号通路的配体，具有抑制脂肪细胞分化和调节肌肉发育的生物活性。在前脂肪细胞中 *Dlk1* 高度表达，在成熟的脂肪细胞中几乎检测不到 *Dlk1* 的表达，*Dlk1* 在 3T3-L1 细胞的表达可以抑制脂肪细胞的分化，强制性地使 *Dlk1* 表达下调可以促进 3T3-L1 细胞的脂肪发生，但 *Dlk1* 可能不总是脂肪分化的抑制因子，Nueda 等（2008）研究发现，膜 Dlk1 蛋白结合细胞 IGFbp1/IGF-Ⅰ复合体，有利于 *IGF-Ⅰ*释放，增加局部 *IGF-Ⅰ*浓度，从而增强 IGF-Ⅰ受体信号，导致脂肪形成。本研究的结果从肌肉表达层面证明了 *Dlk1* 与 *IGF-Ⅰ*存在正相关性的可能。

*IGF-Ⅰ*是哺乳动物和禽类真正的生长调节因子，GH 的促生长作用是通过 *IGF-Ⅰ*介导的。IGF 系统是胚胎和动物出生后生长的主要决定因素，而出生后的生长主要由 GH 来调控。GH 直接通过激活特定的 *GHR*（Giustina et al.，2008）或者间接通过 *IGF-Ⅰ*（Laviola et al.，2007）来完成重要的生理过程。原始的生长介质假说认为，由垂体分泌的 GH 刺激合成和释放 *IGF-Ⅰ*。*IGF-Ⅰ*通过作用于靶组织达到促进机体生长的效应。而 *GH* 基因要在组织和细胞中发挥作用，第一步就要和靶细胞表面的生长激素受体（GHR）结合，由 *GHR* 介导将信号传入细胞内从而产生一系列的生理效应。在肌肉细胞中，本研究的结果证明了 *GHR* 与 *IGF-Ⅰ*是存在显著正相关的。

肌细胞生成素（MyoG）是生肌调节因子家族（MRFs）中的一员，是肌细胞终末端分化的关键因子，能够在调控肌细胞生成的过程中起核心作用，其表达也可以终止成肌细胞的增殖，调节单核成肌细胞融合为多核肌细胞的过程。Yablonka-Reuveni 和 Paterson（2001）的实验结果证明胚胎型成肌细胞 *MyoG* 可能

在终末分化，在成年型成肌细胞中 *MyoG* 可能在生肌细胞谱系的早期表达。在肌细胞形成过程中，*IGF-Ⅰ* 促进肌细胞分化。在骨骼肌中生长过程中，*IGF-Ⅰ*调节骨骼肌的生长，*IGF-Ⅰ*通过诱导 *MyoG* 基因表达而刺激成肌细胞的终末分化（薛慧良，2004）。本研究的结果也显示，*MyoG* 与 *IGF-Ⅰ*存在正相关。

肌肉生长抑制素（myostatin，MSTN）简称肌抑素，又称 *GDF-8*，作为 TGF-β 超家族的一员，它是骨骼肌生长发育的负调控因子。*MSTN* 与 MyoD 家族存在一定的关联。在鸡胚胎发育的过程中，*MSTN* 负向调控 Pax23、Myf25，抑制 *MyoD* 的表达。肌肉生长抑制素主要通过受体调节 Smads 中的 *Smad3* 发挥对骨骼肌的负调节作用，体外试验研究结果表明，将重组的肌肉生长抑制素加入细胞培养液中可抑制生肌细胞分化，且抑制程度与剂量呈正比。该机制在于肌肉生长抑制素与其受体结合后诱导 *Smad3* 磷酸化，并增强 *Smad3* 和生肌决定因子（促骨骼肌增殖分化的调节因子）之间的相互作用。*Smad3* 不仅可抑制生肌决定因子的表达，还可干涉生肌决定因子二级分子结构的形成，即 *MSTN* 通过 *Smad3* 抑制了 *MyoD* 因子的活化和表达，最终导致成肌细胞不能分化成肌管（Rebbapragada et al.，2003）。另外，转录因子和受体调节 Smads 均可和肌肉生长抑制素上游启动子的特定位点结合，进而促进肌肉生长抑制素的表达，抑制成肌细胞分化（Salehian et al.，2006）。但在牛的肌肉发育过程中，*MyoD* 最高表达在胚胎期 70～120 天，而 *MSTN* 在胚胎期 90～120 天，这与次级纤维形成的开始时间一致，在发育过程中，*MSTN* 的表达时间与 *MyoD* 基本一致，并且两者在快肌中有优势表达，因此，*MyoD* 可能是肌肉发育过程中成肌细胞增殖分化时，*MSTN* 表达的一个主要调节因子，被认为是内源 *MSTN* 的第一个靶的（Marcell et al.，2001）。因此，*MSTN* 并不是一直抑制 *MyoG* 基因的表达，相反在出生早期，会存在显著的正相关，本研究得出的结果与上述分析保持一致，同时也与孙伟等（2010）最近的研究结果一致。

在孙伟最近的研究中（未发表，见本书第二部分）发现，*MSTN* 表达增加的同时 *Dlk1* 的表达也在增加，*MSTN* 表达增加可以抵消 *Dlk1* 的表达，也就是说可以平衡由于 *Dlk1* 导致的肌肉增生。本研究中，*MSTN* 和 *Dlk1* 的表达也呈正相关，与其研究一致。

Marcell 等（2001）研究了 *GHR*、*IGF-Ⅰ*、*MSTN* 在老年人骨骼肌中表达的相关性，结果显示，*GHR* 与 *IGF-Ⅰ*呈负相关，*IGF* 与 *MSTN* 呈正相关，*GHR* 与 *MSTN* 呈负相关，但均不显著。Marcell 等（2001）在对老年男性肌肉的研究中发现，*GHR* 在骨骼肌中的表达的降低与 *MSTN* 的表达呈现显著的负相关。本研究中，3 个基因却均呈正相关，这可能与选择的研究对象及研究对象的年龄有关。

第三章 *Dlk1*、*GHR*、*IGF-Ⅰ*、*MSTN*、*MyoG* 基因表达量与湖羊屠宰性状指标、肉质性状指标的关联性分析

试验羊来源于苏州市种羊场。选择2日龄、30日龄、60日龄、90日龄、120日龄和180日龄的饲养条件相同、生长发育良好、身体健康的湖羊共47只进行宰杀（屠宰前24h停食、2h停水）；其中：2日龄羊7只（4公3母）、30日龄8只（4公4母）、60日龄8只（4公4母）、90日龄8只（4公4母）、120日龄8只（4公4母）、180日龄8只（4公4母）。快速采集背最长肌等组织样后于液氮罐保存，4h内运回实验室。屠宰时记录试验羊的宰前活重、胴体重和净肉重。试验羊各年龄阶段体重、体尺的测定按畜牧学的方法（李志农，1993）及《家畜家禽新品种（种群）资源调查技术规范提纲》（1996）所述方法进行。胴体的分割和剖分见参考文献《家畜家禽新品种（种群）资源调查技术规范提纲》（1996）。

一、实验设计

（一）肉质性状指标的测定方法

1. 样品选取

分别取2日龄、30日龄、60日龄、90日龄、120日龄、180日龄湖羊及90日龄陶赛特羊背最长肌样品，制成3cm×1cm×1cm的肌肉块，其长轴与肌纤维方向一致。

2. 样品处理

材料经4%甲醛固定溶液固定两昼夜，修成横断面为1.5cm×1cm、厚0.2～0.3cm的薄片，继续放入4%甲醛固定溶液中固定24h。然后取出样本经75%乙醇（半天）→80%乙醇（半天）→90%乙醇（过夜）→无水乙醇（3h）→无水乙醇（3h）→正丁醇（5h）→正丁醇（5h）→正丁醇（过夜）→浸蜡（5h）→包埋→二次修块→切片→附贴（30～40℃温水）→烤片（40～50℃，4～5h）→染色。

3. 染色

二甲苯（脱蜡，15min）→二甲苯（脱蜡，15min）→95%乙醇（洗去二甲苯，

1～2min）→85%乙醇（同前，1～2min）→75%乙醇（同前，1～2min）→55%乙醇（同前，1～2min）→水洗（洗去乙醇，10min）→苏木精（染细胞核，5min）→水洗（去染色剂，5min）→1%盐酸乙醇（区别染色，数秒或数分）→水洗（1h～昼夜）→80%乙醇（数秒）→伊红（细胞质复染、数秒）→无水乙醇 1（数秒）→无水乙醇 2（数秒）→观察→封片。

（二）肌肉组织学性状的测定

1. 肌纤维密度的测定

将一张石蜡切片置于 100×的摄像显微镜下，随机选取 3 个视野，在电脑中保存图像，利用图像分析软件（Image）测量单个图像总面积（S），并统计其中肌纤维数目（N），计算肌纤维密度（d）。

2. 肌纤维直径的测定

将一张石蜡切片置于 100×的摄像显微镜下，随机选取 3 个视野，在电脑中保存图像，利用图像分析软件分析，随机分别测量 50 根肌纤维横截面积 S_i，即可利用公式计算单根肌纤维的直径 D_i，然后可计算单个个体的腿肌或胸肌的平均肌纤维直径。其中，$D_i=2(S_i/\pi)^{0.5}$，平均肌纤维直径 $D=\sum D_i/50$。

3. 肌肉的剪切力的测定

C-LM 型肌肉嫩度计，按与肌纤维呈垂直方向切取宽度为 1.5cm 的肉片，按嫩度测定仪使用说明操作，记录剪切力值，以千克为单位。

（三）数据处理

试验数据经由 Excel 软件处理后，采用 SPSS 生物统计软件进行方差分析。

二、结果与分析

（一）*Dlk1*、*GHR*、*IGF-Ⅰ*、*MSTN* 和 *MyoG* 基因表达与湖羊屠宰性状指标的相关分析

从表 3-1 可以看出，*Dlk1* 的相对表达与宰前活重、胴体重均存在极显著正相关（$P<0.01$），与净肉重存在正相关，但不显著（$P>0.05$）；*GHR* 的相对表达与宰前活重、胴体重均存在极显著正相关（$P<0.01$），与净肉重存在正相关，但不显著（$P>0.05$）；*IGF-Ⅰ*的相对表达与宰前活重存在极显著正相关（$P<0.01$），与胴体重存在显著正相关（$0.01<P<0.05$），与净肉重存在正相关，但不显著（$P>0.05$）；*MSTN* 的相对表达与宰前活重存在极显著正相关（$P<0.01$），与胴体重存在显著正相关（$0.01<P<0.05$），与净肉重存在正相关，但不显著（$P>0.05$）；

MyoG 的相对表达与宰前活重、胴体重、净肉重存在正相关，但不显著（$P>0.05$）；宰前活重、胴体重及净肉重两两之间均存在极显著正相关（$P<0.01$）。

表 3-1　*Dlk1*、*GHR*、*IGF-Ⅰ*、*MSTN*和 *MyoG*基因表达与湖羊屠宰性状相关分析

指标	*Dlk1*	*GHR*	*IGF-Ⅰ*	*MSTN*	*MyoG*	宰前活重	胴体重	净肉重
Dlk1	1	0.411*	0.576**	0.524**	0.458**	0.577**	0.524**	0.256
GHR	0.411*	1	0.376*	0.200	0.142	0.457**	0.454**	0.213
IGF-Ⅰ	0.576**	0.376*	1	0.334*	0.464**	0.450**	0.409*	0.247
MSTN	0.524**	0.200	0.334*	1	0.454**	0.464**	0.440*	0.283
MyoG	0.458**	0.142	0.464**	0.454**	1	0.249	0.246	0.083
宰前活重	0.577**	0.457**	0.450**	0.464**	0.249	1	0.993**	0.824**
胴体重	0.524**	0.454**	0.409*	0.440*	0.246	0.993**	1	0.848**
净肉重	0.256	0.213	0.247	0.283	0.083	0.824**	0.848**	1

（二）*Dlk1*、*GHR*、*IGF-Ⅰ*、*MSTN* 和 *MyoG* 基因表达量与肉质性状指标的相关分析

从表 3-2 可以看出，*Dlk1* 的相对表达与肌纤维直径、肌纤剪切力均存在极显著正相关（$P<0.01$），与肌纤维密度存在极显著负相关（$P<0.01$）；*GHR* 的相对表达与肌纤维直径、肌纤剪切力均存在极显著正相关（$P<0.01$），与肌纤维密度存在极显著负相关（$P<0.01$）；*IGF-Ⅰ*的相对表达与肌纤维直径存在极显著正相关（$P<0.01$），与肌纤剪切力存在显著正相关（$0.01<P<0.05$），与肌纤维密度存在极显著负相关（$P<0.01$）；*MSTN* 的相对表达与肌纤维直径存在极显著正相关（$P<0.01$），与肌纤维密度存在极显著负相关（$P<0.01$），与肌纤剪切力不存在显著的相关性；*MyoG* 的相对表达与肌纤维直径、肌纤剪切力存在正相关，但不显著（$P>0.05$），与肌纤维密度存在负相关，但同样不显著（$P>0.05$）；肌纤维的直径与密度存在极显著负相关（$P<0.01$），与肌纤剪切力存在极显著正相关（$P<0.01$）；肌纤维密度与直径和肌纤剪切力均存在极显著负相关（$P<0.01$）；肌纤剪切力与密度存在极显著负相关（$P<0.01$），与直径存在极显著正相关（$P<0.01$）。

表 3-2　*Dlk1*、*GHR*、*IGF-Ⅰ*、*MSTN*和 *MyoG*基因表达与湖羊肉质性状指标相关分析

指标	*Dlk1*	*GHR*	*IGF-Ⅰ*	*MSTN*	*MyoG*	肌纤维直径	肌纤维密度	肌纤剪切力
Dlk1	1	0.411*	0.576**	0.524**	0.458**	0.658**	–0.659**	0.453**
GHR	0.411*	1	0.376*	0.200	0.142	0.484**	–0.554**	0.508**
IGF-Ⅰ	0.576**	0.376*	1	0.334*	0.464**	0.509**	–0.515**	0.401*
MSTN	0.524**	0.200	0.334*	1	0.454**	0.469**	–0.439**	0.256
MyoG	0.458**	0.142	0.464**	0.454**	1	0.165	–0.160	0.081
肌纤维直径	0.658**	0.484**	0.509**	0.469**	0.165	1	–0.987**	0.760**
肌纤维密度	–0.659**	–0.554**	–0.515**	–0.439**	–0.160	–0.987**	1	–0.776**
肌纤剪切力	0.453**	0.508**	0.401*	0.256	0.081	0.760**	–0.776**	1

三、讨论

（一）5 个基因表达量与屠宰性状指标关联性的讨论

Davis 等（2004）用免疫组化的方法，检测到 *Dlk1* 基因在美臀羊后肢和臀部肌肉中高度表达，其肌肉中的脂肪含量明显降低，说明绵羊 *Dlk1* 基因在美臀羊脂肪形成过程中可能起到阻碍作用，对肌肉的生长有促进作用。本研究中，*Dlk1* 的相对表达与宰前活重和胴体重呈极显著正相关（$P<0.01$），与净肉重也存在正相关，结果与前人的研究结果基本一致。

GH 通过和靶细胞表面的生长激素受体（GHR）结合，由 *GHR* 介导将信号传入细胞内从而产生一系列生理效应。*GHR* 具有促进肌肉细胞增殖的作用。目前国内外研究报道证实，*GHR* 基因不同遗传多态性与羊的生长发育、屠宰和胴体性状、肉质性状有不同程度的相关性，但对出生后各生长阶段 *GHR* 基因在肌肉中的表达与生长发育、屠宰等生产性状的相关性研究尚少。本研究中，*GHR* 的相对表达与宰前活重和胴体重呈极显著正相关（$P<0.01$），与净肉重也存在正相关，从基因在肌肉中的表达的层面说明 *GHR* 与生长发育、屠宰和胴体性状存在显著正相关。

IGF-Ⅰ 具有提高蛋白质合成中氨基酸利用率并抑制蛋白质降解，从而促进骨细胞和肌肉细胞的增殖的作用。目前已有学者对 *IGF-Ⅰ* 基因不同遗传多态性与鸡、猪的屠体性状的相关性及 *IGF-Ⅰ* 基因在绵羊肌肉中的表达进行了研究，但对出生后各生长阶段 *IGF-Ⅰ* 基因在绵羊肌肉中的表达与屠体性状的相关性研究尚少。本研究中，*IGF-Ⅰ* 的相对表达与宰前活重呈极显著正相关（$P<0.01$），与胴体重呈显著正相关（$0.01<P<0.05$），与净肉重也存在正相关，在基因表达的层面上说明了 *IGF-Ⅰ* 与宰前活重、胴体重存在显著的相关性。

龙定彪（2008）采用荧光定量 PCR 方法，对汉普夏猪和长撒猪在不同体重阶段时背最长肌的 *MSTN* 基因表达量进行了研究，结果表明，20kg 后猪背最长肌中 *MSTN* 基因的表达量随体重的增加呈上升的趋势，而 100kg 后的猪的 *MSTN* 表达与瘦肉率呈极显著负相关。本研究中，*MSTN* 的相对表达与宰前活重呈极显著正相关（$P<0.01$），与胴体重呈显著正相关（$0.01<P<0.05$），与净肉重存在不显著正相关（$P>0.05$），这个结果与龙定彪（2008）20kg 后猪背最长肌 *MSTN* 基因表达与体重的相关的趋势基本一致，但是与 100kg 后的情况相反。说明在生长阶段初期，*MSTN* 在肌肉中的相对表达可能与湖羊的体重协同上升。

单立莉等（2009）运用半定量 RT-PCR 方法研究了金华猪和长白猪 *MyoG* 基因在背最长肌中表达与肌肉沉积的关系，结果表明，金华猪背最长肌中 *MyoG* 基因的表达随年龄和胴体瘦肉率的增加而增加，并且 *MyoG* 基因表达与胴体瘦肉率呈正相关，而长白猪则相反，说明 *MyoG* 基因的表达水平与肌肉胴体瘦肉率之间的关联性可能与品种有关。本研究中，*MyoG* 的相对表达与宰前活重、胴体重、净肉重也存在正相关，但尚未达到显著水平，至于 *MyoG* 在绵羊上是否真的存在品种特异性，有待进行两个生长速度不同的绵羊品种的对比实验。

（二）5 个基因表达量与肉质性状指标关联性的讨论

总体来看，5 个基因中除了 *MyoG* 外其余大多表达量与肌纤维直径和肌纤剪切力间存在显著正相关，与肌纤维密度间存在显著负相关；肌纤维直径和肌纤剪切力与密度间存在显著负相关，但考虑到 *MyoG* 基因与其他肉质性状指标的相关系数比较小，*MyoG* 基因与肉质性状的相关性还需要进一步扩大样本量进行验证分析。沈元新（1984）、王亚鸣（1994）发现，随着肌纤维直径的增大，肌肉的细嫩度相应降低，同时认为肌纤维越细，密度越大，肉质就越细嫩，味美且多汁。曾勇庆等（1998）、杨博辉等（2001）研究表明，肌纤维直径与肉品的嫩度密切相关。孙伟等（2011）的研究结果表明，肌肉的重量主要由肌纤维数目与肌纤维横截面积决定。动物出生后，肌肉的增长表现在肌纤维横截面积的增加，而不是肌纤维数目的增多，随着肌纤维的增粗、肌肉内脂肪的增加，肌纤维密度下降。肌纤维密度与肌肉嫩度相关密切。

建立在肌球蛋白重链亚型（MyHC）表达基础上的分子分型方法可准确定义羊骨骼肌中表达的与肌纤维类型相对应的 4 种 MyHC：慢速氧化型（Ⅰ型）、快速氧化型（Ⅱa 型）、快速酵解型（Ⅱb 型）和中间型（Ⅱx 型）。肌纤维类型的组成影响肌肉颜色、pH、肌内脂肪含量、嫩度、失水率等指标。氧化型肌纤维（MyHCⅠ、Ⅱa）肌红蛋白、磷脂含量较高，糖原含量和 ATP 酶活性较低，肌纤维直径较细，有氧代谢能力强；而酵解型肌纤维（MyHCⅡb）则相反；MyHCⅡx 的代谢活性和收缩特性则介于氧化型肌纤维和酵解型肌纤维之间。4 种类型肌纤维间的转化有以下规律（Lefaucheur et al.，2002；Pellegrino et al.，2003）：出生时肌肉的肌纤维大多为氧化型，酵解型肌纤维几乎未分化，出生后 1～4 周氧化型肌纤维减少，酵解型肌纤维增加，且不同类型肌纤维增加速率不同。氧化型肌纤维所占比例高时，肌肉的肉色、大理石纹评分和肌内脂肪含量较高，肌纤维直径较细，肌肉较为细嫩，保水性能较高（Immonen et al.，2000；Maltin et al.，1997，1998；Larzul et al.，1997）。

由于肌肉的增长不是肌纤维数目增多的缘故，而是由于肌纤维横截面积的增加，*Dlk1* 异常高表达可导致个体表现出美臀表型（肌肉肥大型）（Tang，2005），在一定程度上可以说明 *Dlk1* 与肌纤维直径的增粗有一定的关系。

近年来对 *GHR* 和 *IGF-Ⅰ* 基因直接对肌纤维产生影响的研究相对较少，Zhao 等（2004）对二花脸猪和大白猪 3～180 日龄间肌纤维组成与 *GHR* 表达量的相关性进行了研究，结果显示，3 日龄 MyHCⅠ、Ⅱa 和Ⅱx 型肌纤维含量较高，MyHC Ⅱb 型肌纤维含量较少，3 日龄到 20 日龄，MyHCⅠ、Ⅱa 和Ⅱx 型肌纤维含量显著减少，MyHCⅡb 型肌纤维含量迅速的增加，*GHR* mRNA 在背最长肌中的表达与 MyHC Ⅱb 型相一致，本研究中 *GHR* mRNA 在背最长肌中的表达与肌纤维直径呈极显著正相关，本研究结果 Zhao 等（2004）基本一致。

Abe 等（2009）研究了鼠咬肌中 *IGF-Ⅰ*和 MyHC 几个亚型的表达趋势，结果显示，胚胎 16～18 天 *IGF-Ⅰ*和 MyHC Ⅱb 的表达趋势相同，并分析 *IGF-Ⅰ*可能是成肌细胞增殖和肌肉分化有关的调节因子。本研究中，*IGF-Ⅰ*与肌纤维直径存在极显著正相关，与 Abe 等（2009）的结论相似。

MSTN 调控肌纤维数量很可能是由于 *MSTN* 对发育期成肌细胞的增殖或分化的直接抑制作用（Rios et al.，2002）。杨晓静等（2006）对二花脸和大白猪肌纤维类型的研究结果表明，出生后早期是猪肌纤维代谢和成熟的重要时期，MRFs 通过调节收缩蛋白和调节蛋白异构型在不同时期的表达，对肌纤维形成产生影响，其中 *MyoG* 调控着中胚层细胞分化为成肌细胞，再由成肌细胞融合为肌纤维这一过程。Hughes 等（1999）和 Ekmark 等（2003）分别对转基因鼠和正常鼠的 *MyoG* 基因的表达进行了研究，发现 *MyoG* 能诱导酵解型代谢酶向氧化型转变。也有研究表明，*MSTN* 的表达在不同类型的肌纤维上分布也不相同（Carlson et al.，1999）。吴丹和胡兰（2009）采用 RNAi 双元表达载体对成肌细胞增殖和分化进行了研究，结果表明双元表达载体能够促进成肌细胞大量增殖，并促进成肌细胞向肌细胞分化及形成肌管，形成大量肌纤维。这些说明 *MSTN* 和 *MyoG* 基因与肌纤维形成有关，并可能参与了早期肌纤维类型转变的调节，从而对肉质性状产生影响。

本研究中由于 5 个基因中除了 *MyoG* 外其余大多与肌纤维直径、密度及肌纤剪切力之间存在大量显著正相关与负相关，初步可以将此 4 个基因作为与肌纤维直径、密度和嫩度相关的候选基因，考虑到 *MyoG* 基因与其他肉质性状指标的相关系数比较小，*MyoG* 基因与肉质性状的相关性还需要进一步扩大样本量进行验证分析。

第四章 结　论

Dlk1、*GHR*、*IGF-Ⅰ*、*MSTN*、*MyoG* 基因在不同生长阶段之间、不同性别间大量存在显著或极显著差异，这表明不同生长阶段、性别对于这 5 个基因在绵羊肌肉组织中的表达具有重要影响。出生后，各基因表达水平并非一直随着上升或者下降，各基因表达水平出现拐点的时间点也不相同。就 6 月龄而言，这 5 个基因在湖羊中的表达均高于陶塞特羊，品种因素对于这 5 个基因的差异表达具有一定的影响，但是两个品种在其他生长阶段的表达差异有待进一步研究。*Dlk1*、*GHR*、*IGF-Ⅰ*、*MSTN*、*MyoG* 基因的相对表达均存在显著或极显著正相关（$0.01<P<0.05$ 或 $P<0.01$），*GHR* 与 *MSTN*、*MyoG* 间的表达相关不显著。

Dlk1、*GHR*、*IGF-Ⅰ*、*MSTN* 基因的相对表达与肌纤维直径存在显著或极显著正相关（$0.01<P<0.05$ 或 $P<0.01$），与肌纤维密度和嫩度存在显著或极显著负相关（$0.01<P<0.05$ 或 $P<0.01$）。

Dlk1 和 *GHR* 的相对表达与宰前活重和胴体重呈极显著正相关（$P<0.01$），与净肉重存在不显著正相关（$P>0.05$）；*IGF-Ⅰ*和 *MSTN* 与宰前活重呈极显著正相关（$P<0.01$），与胴体重呈显著正相关（$0.01<P<0.05$），与净肉重存在不显著正相关（$P>0.05$）；*MyoG* 与宰前活重、胴体重、净肉重不存在显著的相关性。

初步可以将此 *Dlk1*、*GHR*、*IGF-Ⅰ*、*MSTN* 等 4 个基因作为与肌纤维直径、密度和嫩度相关的候选基因；*MyoG* 基因与肉质性状的相关性还需要进一步扩大样本量进行验证分析。

参考文献

白慧琴, 周卫东, 姜俊芳, 等. 2010. 湖羊肉用系选育出报. 浙江畜牧兽医, (4): 1-3

白素英, 刘娣, 蒋国红, 等. 2004. 抑肌素基因 mRNA 在猪肌肉组织表达差异的研究. 畜牧兽医学报, 35(3): 350-352

蔡兆伟, 罗玉衡, 张金枝, 等. 2008. 猪 *MyoG* 基因的多态性及其对岔路黑猪胴体和肉质的影响研究. 家畜生态学报, 29(3): 11-14

曹贵玲. 2008. 山羊印记基因 *H19*、*Dlk1*、*CLPG* 和毛囊发育相关基因 *Dkk1* 的研究.山东农业大学硕士学位论文

陈玲, 孙炜, 孙永明, 等. 2006. 湖羊的养殖技术. 农村养殖技术, 17: 7-9

程婷婷. 2008. 山羊 *MSTN*、*IGFBP-3* 基因多态性及其与生长性能的关联性分析. 四川农业大学硕士学位论文

仇雪梅, 李宁, 邓学梅, 等. 2002. 影响动物肉质性状主要候选基因的研究进展. 遗传, 24(5): 571-574

储明星, 狄冉, 叶素成, 等. 2009. 绵羊多胎主效基因 *FecB* 分子检测方法的建立与应用. 农业生物技术学报, 17(1): 52-58

达文致, 达文政. 2009. 山羊绒毛与绵羊奶化学成分研究. 现代农业科技, (5): 208-209

邓利, 张为民, 林浩然, 等. 2001. 生长激素受体的研究进展. 动物学研究, 22(3): 226-230

邓小松. 2008. 兔 *GHR* 基因第 10 外显子多态性及其与部分生产性状的关联研究. 四川农业大学硕士学位论文

方美英, 刘红林, 姜志华, 等. 1999. 6 个猪种胰岛素样生长因子-Ⅰ(IGF-Ⅰ)基因座位遗传多态性检测. 畜牧与兽医, 31(1): 12-13

傅泽红, 曹少先, 钱勇, 等. 2008. 8 个绵山羊群体中肌肉生长抑制素基因 *Dra* Ⅰ酶切多态性分析. 江苏农业学报, 24(6): 853-856

高萍, 傅伟龙, 朱晓彤, 等. 2005. 蓝塘仔猪 IGF-Ⅰ水平与组织 *IGF-Ⅰ*、*GHR* 基因的表达. 畜牧兽医学报, 36(1): 38-42

高勤学, 刘梅, 杨月琴, 等. 2005. 猪 *MyoG* 基因的 PCR-RFLP 分型及其与生长性能和肌纤维数目的相关性分析. 中国兽医学报, 25(3): 330-332

顾以韧, 张凯, 李明洲, 等. 2009. 猪背最长肌中胰岛素样生长因子(IGFs)系统基因的发育表达模式. 遗传, 31(8): 837-843

黄治国, 谢庄. 2009. 绵羊肌肉生长激素受体基因表达的发育性变化研究. 农业科学与技术, 10(1): 93-96

贾径. 2009. 鸭 *MyoG*、*MRF4* 基因的克隆及其在骨骼肌组织中的发育表达研究. 四川农业大学硕士学位论文

姜俊芳, 周卫东, 宋雪梅, 等. 2010. 湖羊和杜湖杂交一代羊羊肉营养成分比较研究. 黑龙江畜牧兽医, (7): 31-32

李长春, 李进, 李奎, 等. 2005. 藏鸡 *IGF-Ⅰ*基因的 SNPs 检测及与生长性状的关联分析. 畜牧兽医学报, 36(11): 1111-1116

李聚才, 张春珍, 杨易, 等. 2011. 宁夏肉牛杂交改良群体生长激素受体基因的多态性研究. 中国畜牧兽医, 38(7): 151-155

李乔乐. 2009. 波尔山羊 *GHR* 基因多态性研究. 华中农业大学硕士学位论文

李志农. 1993. 中国养羊学. 北京: 农业出版社

梁婧娴, 陈志成, 郑玉才, 等. 2011. 藏系绵羊 *MSTN* 基因在不同年龄不同组织的表达定量研究. 安徽农业科学, 12(4): 608-612
刘晨曦. 2007. 肌肉生长抑制素(Myostatin)及其相关基因在绵羊肱二头肌发育中的表达分析. 新疆农业大学硕士学位论文
刘大林, 王金玉, 魏岳, 等. 2009. 京海黄鸡 *IGF-Ⅰ*基因与生长和屠体性状的关联分析. 中国畜牧杂志, 45(11): 9-12
刘桂芬, 万发春, 刘晓牧, 等. 2011. 渤海黑牛 *MSTN* 基因多态性位点与体尺性状的关联性分析. 华北农学报, 26(1): 17-21
刘铮铸, 李祥龙, 巩元芳, 等. 2006. 我国主要地方山羊品种 *MSTN* 基因的 *Mnl* Ⅰ酶切多态性分析. 河南农业科学, 8: 1-4
刘铮铸, 李祥龙, 巩元芳, 等. 2010. 绵羊 *MSTN* 基因内含子 2 和外显子 4 部分序列的 SNP 检测和单倍型分析. 中国畜牧杂志, 46(7): 9-12
刘铮铸, 张文香, 张传生, 等. 2009. 山羊 *MyoG* 基因 *Csp6* Ⅰ酶切多态性分析. 江西农业大学学报, 31(2): 317-321.
柳玲. 2007. 相对定量的$2^{-\Delta\Delta CT}$法分析 *HLA-G* 基因在子宫内膜异位症中的表达. 中国优生与遗传杂志, 15(9): 25-26
龙定彪. 2008. 猪肌肉生长抑制素基因表达规律及其调控与肌肉生长量的关系研究. 四川农业大学博士学位论文
吕宝铨. 2007. 抢救湖羊品种资源已刻不容缓. 畜牧与兽医, 39(1): 23-25
马志杰, 魏雅萍, 钟金城, 等. 2007. 藏绵羊 *GHR* 基因 5′侧翼区序列特征分析. 遗传, 29(8): 963-971
孟详人, 郭军, 赵倩君, 等. 2008. 11 个绵羊品种 *MSTN* 基因非翻译区的变异. 遗传, 20(12): 1585-1590
农业部全国畜牧兽医总站种畜禽管理处. 1996. 家畜家禽新品种(种群)资源调查技术规范提纲. 北京: 全国畜牧兽医站
钱建共, 肖玉骐, 张有法. 2002. 湖羊不同杂交组合产肉性能的研究. 中国草食动物, S1: 142-145
任列娇, 赵素梅, 胡洪, 等. 2010. 肌纤维类型及其对猪肉品质影响的研究进展. 云南农业大学学报, 25(1): 124-131
单立莉, 张敏, 苗志国, 等. 2009. Myogenin mRNA 丰度在金华猪和长白猪背最长肌中的表达. 中国兽医学报, 29(3): 374-388
沈华, 王金玉. 2006. 黄羽肉鸡 *IGF-Ⅰ*基因单核苷酸多态性与生长性状的相关研究. 中国畜牧兽医, 33(10): 58-60
沈元新. 1984. 金华猪及其杂种肌肉组织学特性与肉质的关系. 浙江农业大学学报, 10(3): 265-271
舒国伟, 陈合, 吕嘉枥, 等. 2008. 绵羊奶和山羊奶理化性质的比较. 食品工业科技, (11): 280-284
孙伟, 程华平, 马月辉, 等. 2011. 湖羊背最长肌组织学特性分析及其与陶赛特羊的初步比较. 中国畜牧杂志, 47(11): 12-14
孙伟, 王鹏, 丁家桐, 等. 2010. 湖羊 Myostatin 和 Myogenin 基因表达的发育性变化及与屠宰性状的关联分析. 中国农业科学, 43(24): 5129-5136
汤艾非, 韩正康. 1993. 湖羊奶及人工诱发的乳腺分泌物中某些生化物质的动态变化. 南京农业大学学报, 16(增刊): 25-29

王根林, 毛鑫智, Davis G H, 等. 2003. DNA 分析发现我国湖羊和小尾寒羊存在 Booroola(FecB) 多胎基因. 南京农业大学学报, 26(1): 104-106

王利心. 2008. 山羊 *GH*、*MSTN* 和 *GHR* 基因遗传变异及其与生长性状的相关分析. 西北农林科技大学硕士学位论文

王鹏. 2010. 湖羊 *GH*、*MSTN* 基因遗传多态、表达及其与肌肉生长性状关联分析. 扬州大学硕士学位论文

王伟. 2007. 湖羊种质资源的保护及开发利用. 苏州大学硕士学位论文

王文君, 任军, 陈克飞, 等. 2002. 胰岛素样生长因子-Ⅰ基因多态性与猪部分生长性能的关系. 畜牧兽医学报, 33(4): 336-339

王亚鸣. 1994. 江西玉山猪肌肉组织学特性与肉质的关系. 浙江农业大学学报, 16(3): 284-287

王引泉, 郝丽霞, 石刚. 2010. 羊奶的营养与食疗特性. 畜牧兽医杂志, 29(1): 66-67

韦建福, 刘丽, 傅伟龙, 等. 2004. 肌肽、谷胱甘肽对肉鸡生长及激素水平的影响. 见: 中国生物化学与分子生物学会农业生物化学与分子生物学分会第六次学术交流会论文集, 80-82

魏笑笑, 王宝维, 王雷, 等. 2008. 琅琊鸡 *IGF-Ⅰ*基因多态性与肉用性的相关性. 福建农林大学学报, 37(4): 389-393

吴丹, 胡兰. 2009. *MSTN* RNAi 双元表达载体对成肌细胞增殖及分化的影响. 沈阳农业大学学报, 40(1): 38-42

席斌, 高雅琴, 李维红, 等. 2003. 我国湖羊的发展现状及前景. 畜牧兽医杂志, 26(5): 37-41

肖书奇, 张嘉保, 李爽, 等. 2007. 松辽黑猪 *IGF-Ⅰ*基因外显子 4 多态性及与部分生产性能的关系. 中国畜牧兽医, 34(2): 55-57

胥清富. 2002. 生长激素作用的靶基因在猪肝脏和肌肉上的表达及调控. 南京农业大学博士学位论文

徐颖, 汪璇, 刘小丹, 等. 2010. 羊奶的优势与发展前景. 黑龙江畜牧兽医, (14): 36-38

薛慧良, 周忠孝, Wen B. 2007. 猪 *MyoG* 基因 3′端 PCR-SSCP 遗传多态性及其遗传效应. 生态学杂志, 26(4): 505-508

薛慧良. 2004. 猪 *IGF-Ⅰ*基因及 *MyoG* 基因分子遗传多态性的研究. 山西农业大学博士学位论文

薛梅, 昝林森, 王洪宝, 等. 2011. 6 个黄牛群体 *MyoG* 基因单核苷酸多态性及其与体尺性状的相关性. 西北农林科技大学学报, 39(7): 35-42

杨博辉, 姚军, 王敏强, 等. 2001. 大通牦牛肌肉纤维组织学特性研究. 中国草食动物, 3(5): 34-35

杨晓静, 陈杰, 胥清富, 等. 2006. 二花脸和大白猪背最长肌中肌肉生长抑制素和生肌调节因子基因的表达及其性别特点. 南京农业大学学报, 29(3): 64-68

杨宗林. 2009. 猪 DLK1-DIO3 印记域 4 个候选印记基因的分离及其单等位基因表达分析. 西南大学硕士学位论文

俞坚群. 2006. 湖羊肉用性能测定. 浙江畜牧兽医, (5): 1-2

曾勇庆, 孙玉民, 张万福, 等. 1998. 莱芜猪肌肉组织学特性与肉质关系的研究. 畜牧兽医学报, 29(6): 486-492

张春香, 罗海玲, 陈喻, 等. 2007. 南江黄羊 *GHR* 基因 5′-调控区多态与体重性状相关性研究. 中国畜牧杂志, 43(15): 4-7

张浩. 2010. 甘肃肉羊新品种群 *GH*、*GHR*&*Leptin* 遗传变异及其与体重的相关分析. 甘肃农业大学硕士学位论文

张冀汉. 2003. 中国养羊业现状及发展对策. 草食家畜, (1): 1-4

赵凤立, 崔健, 李洪伟, 等. 2002. 国内外养羊生产趋势及肉羊生产现状与发展前景. 辽宁畜牧兽医, (3): 32-33

赵青, 钟土木, 徐宁迎, 等. 2010. 金华猪 *MyoG* 基因多态性与部分生长性能的关系. 华南农业大学学报, 31(2): 121-124

赵晓, 莫德林, 张悦, 等. 2011. 猪的骨骼肌生长发育研究进展. 生命科学, 23(1): 37-44

钟辑. 1982. 小湖羊皮和滩羊皮名扬五洲. 中国水利, (1): 49

周明亮. 2009. 绵羊 *IGFBP* 家族基因克隆和 *IGF* 系统基因的时空表达谱及 *IGF-Ⅰ*与体重性状的相关分析研究. 四川农业大学博士学位论文

朱红刚, 田兴贵, 杨正梅, 等. 2011. 贵州小香羊 *MSTN* 基因内含子 2 和外显子 3 的多态性. 贵州农业科学, 39(1): 169-172

Abe S, Nonami K, Iwanuma O, et al. 2009. *HGF* and *IGF-Ⅰ* is present during the developmental process of murine masseter muscle. Journal of Hard Tissue Biology, 18(1): 1-6

Aggrey S E, Yao J, Sabour M P, et al. 1999. Markers within the regulatory region of the growth hormone receptor gene and their association with milk-related traits in Holsteins. Journal of Heredity, 90(1): 148-151

Akihiro S, Shigeori N. 1992. H-NMR assignment and secondary structure of human insulin-like growth factor-Ⅰ in solution. The Journal of Biological Chemistry, 111: 529-536

Amills M, Jimenez N, Villalba D, et al. 2003. Identification of three single nucleotide polymorphisms in the chicken insulin-like growth factor 1 and 2 genes and their associations with growth and feeding traits. Poultry Science, 82(10): 1485-1493

Andrzej M, Oprzadek J, Dymnicki E, et al. 2006. Association of the polymorphism in the 5′-noncoding region of the bovine growth hormone receptor gene with meat production traits in Polish Black-and-White cattle. Meat Science, 72(3): 539-544

Baxter R C. 2001. Inhibition of the insulin-like growth factor(IGF)-IGF-Binding protein interaction. Hormone Research, 55: 68-72

Bever J E, Fisher S R, Guerin G, et al. 1997. Mapping of eight human chromosome 1 orthologs to cattle chromosomes 3 and 16. Mammalian Genome, 8(7): 533-536

Black B L, Olson E N. 1998. Transcriptional control of muscle development by myocyte enhancer factor-2 (MEF2) proteins. Annual Review of Cell & Developmental Biology, 14: 167-196

Blott S, Kim J, Moisio S, et al. 2003. Molecular dissection of a quantitative trait locus: a phenylalanine-to-tyrosine substitution in the transmembrane domain of the bovine growth hormone receptor is associated with a major effect on milk yield and composition. Genetics, 163(1): 253-266

Bober E, Lyons G E, Braun T, et al. 1991. The muscle regulatory gene, *Myf6*, has a biphasic pattern of expression during early mouse development. Cell Biology, 6(113): 1255-1265

Brameld J M, Mostyn A, Dandrea J, et al. 2000. Maternal nutrition alters the expression of insulin-like growth factors in fetal sheep liver and skeletal muscle. Journal of Endocrinology, 167: 429-437

Braun T, Grezeschik K H, Bober E, et al. 1989. The *MYF* genes, a group of human muscle determining factors, are localized on different human chromosomes. Cytogenetics and Cell Genetics, 51: 969

Bryson-Richardson R J, Currie P D. 2008. The genetics of vertebrate myogenesis. Nature Reviews Genetics, 9(8): 632-646

Buckingham M, Vincent S D. 2009. Distinct and dynamic myogenic populations in the vertebrate embryo. Current Opinion in Genetics & Development, 19(5): 444-453

Carlson C J, Booth F W, Gordon S E. 1999. Skeletal muscle myostatin mRNA expression is fiber-type specific and increases during hindlimb unloading. American Journal of Physiology, 277: 601-606

Carter-Su C, Schwartz J, Smit L S. 1996. Molecular mechanism of growth hormone action. Annual Review of Physiology, 58: 187-207

Casas-Carrillo E, Prill-Adams A, Price S G, et al. 1997. Relationship of growth hormone and insulin-like growth factor-1 genotypes with growth and carcass traits in swine. Animal Genetics, 28(2): 88-93

Chang K C, Fernandesk K, Goldspink G. 1993. *In vivo* expression and molecular characterization of the porcine slow myosin heavy chain. Journal of Cell Science, 106(1): 331-341

Charlier C, Segers K, Wagenaar D, et al. 2001. Human-ovine comparative sequencing of a 250-kb imprinted domain encompassing the callipyge (clpg) locus and identification of six imprinted transcripts: DLK1, DAT, GTL2, PEG11, antiPEG11, and MEG8. Genome Research, 11: 850-862

Colomer-Rocher F, Morand-Fehr P, Kirton A H. 1988. 山羊胴体的评价, 分割和组织分离标准方法与程序. 中国养羊, (4): 44-45

Davis E, Jensen C H, Schroder H D, et al. 2004. Ectopic expression of Dlk1 protein in skeletal muscle of padumnal heterozygotes causes the callipyge phenotype. Current Biology, 14(20): 1858-1862

Davis G H, Montgomery G W, Allison A J, et al. 1982. Segregation of a major gene influencing fecundity in progeny of Booroola sheep. Kaibogaku Zasshi Journal of Anatomy, 25: 525-529

Davis R L, Cheng P F, Lassar A B, et al. 1990. The MyoD DNA binding domain contains a recognition code for muscle-specific gene activation. Cell, 60: 733-746

Deiuliis J A, Li B, Lyvers-Peffer P A, et al. 2006. Alternative splicing of delta-like 1 homolog DLK1 in the pig and human. Comp. Comparative Biochemistry & Physiology Part B, 145: 50-59

Ekmark M, Gronevik E, Schjerling P, et al. 2003. Myogenin induces higher oxidative capacity in pre-existing mouse muscle fibres after somatic DNA transfer. Journal of Physiology, 548: 259-269

Ernst C W, Mendez E A, Robic A, et al. 1998. Myogenin (MYOG) physically maps to porcine chromosome 9q2.1-q2.6. Journal of Animal Science, 76(1): 328

Fahrenkrug S C, Freking B A, Smith T P L. 1999. Genomic organization and genetic mapping of the bovine *PREF-1* gene. Biochemical & Biophysical Research Communications, 264: 662-667

Fleming-Waddell J N, Olbricht G R, Taxis T M, et al. 2009. Effect of DLK1 and RTL1 but not MEG3 or MEG8 on muscle gene expression in Callipyge Lambs. PLoS One, 10(4): 1-15

Gaillard C, Theze N, Hardy, et al. 1990. Differential trans-activation of muscle-specific regulatory elements including the mysosin light chain box by chicken MyoD, myogenin, and MRF4. Biology Chemistry, 14(267): 10 031-10 038

Gent J, Eijnden M, Van Kerkhof P. 2003. Dimerization and signal transduction of the growth hormone receptor. Molecular Endocrinology, 17(5): 967-975

Georgiana M R. 2004. Effect of testosterone on *IGF- Ⅰ*, *AR* and myostatin gene expression in splenius and semitendinosus muscles in sheep. A dissertation presented to the faculty of the Graduate School of Cornell University

Gerrard D E, Okamura C S, Ranalletta M A, et al. 1998. Developmental expression and location of *IGF- Ⅰ* and *IGF- Ⅱ* mRNA and protein in skeletal muscle. Journal of Animal Science, 76(4): 1004-1011

Gilson H, Schakman O, Combaret L, et al. 2007. Myostatin gene deletion prevents glucocorticoid-induced muscle atrophy. Endocrinology, 148(1): 452-460

Giustina A, Mazziotti G, Canalis E. 2008. Growth hormone, insulin-like growth factors, and the skeleton. Endocrine Reviews, 29: 535-559

Gonzleza-Cadavid N F, Taylor W E, Yarasheski K, et al. 1998. Organization of the human myostatin gene and expression in healthy men and HIV-infected men with muscle wasting. Proceedings of the National Academy of Sciences of the United States of America, 95(25): 14 938-14 943

Gotz W, Dittjen O, Wicke M, et al. 2001. Immunohistochemical detection of components of the insulin-like growth factor system during skeletal muscle growth in the pig. Anatomia Histologia Embryologia, 30(1): 49-56

Govers R, ten Broeke T, Van Kerkhof P, et al. 1999. Identification of a novel ubiquitin conjugation motif, required for ligand-induced internalization of the growth hormone receptor. EBMO Journal, 18: 28-36

Hale C S, Herring W O, Shibuya H, et al. 2000. Decreased growth in Angus steers with a short TG-microsatellite allele in the P1 promoter of the growth hormone receptor gene. Journal of Animal Science, 78: 2099-2104

Hasty P, Bradley A, Morris J H, et al. 1993. Muscle deficiency and neonatal death in mice with a targeted mutation in the myogenin gene. Nature, 364(6437): 501-506

Hinterberger T J, Sassoon D A. 1991. Expression of the muscle regulatory factor MRF4 during somite and skeletal myofiber development. Developmental Biology, 47(1): 144-156

Hughes S M, Chi M M, Lowry O H, et al. 1999. Myogenin induces a shift of enzyme activity from glycolytic to oxidative metabolism in muscles of transgenic mice. Journal of Cell Biology, 145: 633-642

Immonen K, Ruusunen M, Hissa K, et al. 2000. Bovine muscle glycogen concentration in relation to finishing diet, slaughter and ultimate pH. Meat Science, 55: 25-31

Jenkins Z A, Henry H M, Sise J A, et al. 2000. Follistatin (FST), growth hormone receptor (GHR) and prolactin receptor (PRLR) genes map to the same region of sheep chromosome 16. Animal Genetics, 31: 280-291

Ji S, Losinski R L, Cornelius S G, et al. 1998. Myostatin expression in porcine tissues: tissue specificity and developmental and postnatal regulation. American Journal of Physiology, (275): 1265-1273

Joergensen L, Jensen C, Davis E, et al. 2007. DLK1 as a candidate for booster gene therapy in muscular dystrophy. Abstracts/Neuromuscular Disorders, 17: 764-900

Kambadur R, Sharma M, Smith T P, et al. 1997. Mutations in myostatin (GDF8) in double-muscled Belgian Blue and Piedmontese cattle. Genome Research, 7: 910-916

Klempt M, Bingham B, Brier B H, et al. 1993. Tissue distribution and ontogeny of growth hormone receptor messenger ribonucleic acid and ligand binding to hepatic tissue in the midgestation sheep fetus. Endocrinology, 132(3): 1071-1077

Kobayashi S, Wagatsuma H, Ono R, et al. 2000. Mouse *Peg9/Dlk1* and human *PEG9/DLK1* are paternally expressed imprinted genes closely located to the maternally expressed imprinted genes: mouse *Meg3/Gtl2* and human *MEG3*. Genes to Cells, 5: 1029-1037

Kopchick J J, Andry J M. 2000. Growth hormone (GH), GH receptor, and signal transduction. Molecular Genetics & Metabolism, 71: 293-341

Laborda J. 2000. The role of the epidermal growth factor-like protein dlk in cell differentiation. Histol Histopathol, 15: 119-129

Larzul C, Lefaucheur L, Ecolan P, et al. 1997. Phenotypic and genetic parameters for longissimus muscle fiber characteristics in relation to growth, carcass, and meat quality traits in Large White pigs. Journal of Animal Science, 75: 3126-3137

Laviola L, Natalicchio A, Giorgino F. The IGF-Ⅰ signaling pathway. Current Pharmaceutical Design, 2007, 13: 663-669

Lee Y L, Helman L, Hoffman T, et al. 1995. *Dlk1*, *pG2* and *Pref-1* mRNAs encode similar proteins belonging to the EGF-like superfamily. Identification of polymorphic variants of this RNA. Biochim Biophys Acta, 1261: 223-232

Lefaucheur L, Ecolan P, Plantard L, et al. 2002. New insights into muscle fiber types in the pig. Journal of Histochemistry & Cytochemistry, 50(5): 719-730

Leung D W, Spencer S A, Cachianes G, et al. 1987. Growth hormone receptor and serum binding protein: purification, cloning and expression. Nature, 330: 537-543

Lewis A J, Wester T J, Burrin D G, et al. 1999. Exogenous growth hormone induces somatotrophic gene expression in neonatal liver and skeletal muscle. American Journal of Physiology, 278(4): 838-844

Maes M, Underwood I E, Ketelsleger J M. 1984. Low serum somatomedin-c in protein deficiency relationship with changes inn liver somatogenic and lactogenic binding sites. Molecular & Cellular Endocrinology, 37: 301

Maltin C A, Sinclair K D, Warriss P D, et al. 1998. The effects of age at slaughter, genotype and finishing system on the biochemical properties, muscle fibre type characteristics and eating quality of bull beef from suckled calves. Animal Science, 66: 341-348

Maltin C A, Warkup C C, Mattewa K R, et al. 1997. Pig muscle fibre characteristics as source of variation in eating quality. Meat Science, 47: 237-248

Marcell T J, Harman S M, Urban R J, et al. 2001. Comparison of *GH*, *IGF- I*, and testosterone with mRNA of receptors and myostatin in skeletal muscle in older men. American Journal of Physiology Endocrinology & Metabolism, 281: 1159-1164

Marcq F, Elsen J M, El Barkouki S, et al. 1998. Investigating the role of myostatin in the determinism of double muscling characterizing Belgian Texel sheep. Animal Genetics, 29: 52

Mateescu R G, Thonney M L. 2005. Effect of testosterone on *IGF- I*, *AR* and myostatin gene expression in splenius and semitendinosus muscles in sheep. Gene Expression, 83(4): 803-809

Mathews L S, Enberg B, Norstedt G. 1989. Regulation of rat growth hormone receptor gene expression. Journal of Biological Chemistry, 264(17): 9905-9910

McPherron A C, Lawler A M, Lee S J. 1997. Regulation of skeletal muscle mass in mice by a new TGF-beta superfamily member. Nature, 387(6628): 83-90

McPherron A C, Lee S J. 1997. Double muscling in cattle due to mutations in the myostatin gene. Proceedings of the National Academy of Sciences, 94(23): 12 457-12 461

Mei B, Zhao L, Chen L, et al. 2002. Only the large soluble form of preadipocyte factor-1 (Pref-1), but not small soluble and membrane forms, inhibits adipocyte differentiation: role of alternative splicing. Biochemical Journal, 254: 137-144

Minoshima Y, Taniguchi Y, Tanaka K, et al. 2001. Molecular cloning, expression analysis, promoter characterization, and chromosomal localization of the bovine *PREF1* gene. Animal Genetics, 32: 333-339

Moisio S, Elo K, Kantanen J, et al. 1998. Polymorphism within the 3′flanking region of the bovine growth hormone receptor gene. Animal Genetics, 29: 55-57

Moody D E, Pomp D, Barendse W, et al. 1995. Assignment of the growth hormone receptor gene to bovine chromosome 20 using linkage analysis and somatic cell mapping. Animal Genetics, 26: 341-343

Moon Y S, Smas C M, Lee K, et al. 2002. Mice lacking paternally expressed Pref-1/Dlk1 display growth retardation and accelerated adiposity. Molecular & Cellular Biology, 22(15): 5585-5592

Morisaki T, Sermsuvitayawong K, Byun S H, et al. 1997. Mouse *Mef2b* gene: unique member of *MEF2* gene family. Journal of Biochemistry, 122(5): 939-946

Muroya S, Nakajima I, Chikuni K. 2002. Related expression of *MyoD* and *Myf5* with myosin heavy chain isoform types in bovine adult skeletal muscles. Zoological Science, (19): 755-761

Muroya S, Nakajima I, Mika O, et al. 2005. Effect of phase limited inhibition of *MyoD* expression on the terminal differentiation of bovine myoblasts: no alteration of *Myf5* or myogenin expression. Development Growth & Regeneration, (47): 483-492

Murphy S K, Freking B A, Smith T P L, et al. 2005. Abnormal postnatal maintenance of elevated DLK1 transcript levels in callipyge sheep. Mammalian Genome, 16: 171-183

Nabeshima Y, Hanaoka K, Hayasaka M, et al. 1993. Myogenin gene disruption results in perinatal lethality because of severe muscle defect. Nature, 364(6437): 532-535

Naya F J, Black B L, Wu H, et al. 2002. Mitochondrial deficiency and cardiac sudden death in mice lacking the MEF2A transcription factor. Nature Medicine, 8(11): 1303-1309

Nueda M L, Ramirez J J G, Laborda J, et al. 2008. Dlk1 specifically interacts with IGFBP1 to modulate adipogenesis of 3T3-L1 cells. Journal of Molecular Biology, 379(3): 428-42

O'Mahoney J V. 1994. Optimization of experimental variables influencing reporter gene expression in hepatoma cells following calcium phosphate transfection. DNA and Cell Biology, 13(12): 1227-1232

Oczkowicz M, Ropka-Molik K, Piorkowska K, et al. 2011. Frequency of DLK1 c. 639C>T polymorphism and the analysis of *MEG3/DLK1/PEG11* cluster expression in muscle of swine raised in Poland. Meat Science, 88: 627-630

Oldham J M, Martyn J A K, Sharma M, et al. 2001. Molecular expression of myostatin and MyoD is greater in double-muscled than normal-muscled cattle fetuses. American Journal of Physiology Regulatory Integrative & Comparative Physiology, 280: R1488-R1493

Orita M, Iwahana H, Kanazawa H, et al. 1989. Detection of polymorphisms of human DNA by gel electrophoresis as single-strand conformation polymorphisms. Proceedings of the National Academy of Sciences of the United States of America, 86: 2766-2770

Passegue E, Jamieson C H, Ailles L E, et al. 2003. Normal and leukemic hematopoiesis: are leukemias a stem cell disorder or a reacquisition of stem cell characteristics. Proceedings of the National Academy of Sciences of the United States of America, 100: 11 842-11 849

Pellegrino M A, Canepari M, Rossi R, et al. 2003. Orthologous myosin isoforms and scaling of shortening velocity with body size in mouse, rat, rabbit and human muscles. Journal of Physiology, 546: 677-689

Piete J, Bessereau J, Huchel M, et al. 1990. Two adjacent MyoD-binding sites regulate expression of the acetylcholine receptor α-subunit gene. Nature, 345: 354-355

Potthoff M J, Arnold M A, McAnally J, et al. 2007b. Regulation of skeletal muscle sarcomere integrity and postnatal muscle function by Mef2c. Molecular and Cellular Biology, 27(23): 8143-8151

Potthoff M J, Wu H M, Arnold M A, et al. 2007a. Histone deacetylase degradation and MEF2 activation promote the formation of slow-twitch myofibers. Journal of Clinical Investigation, 117(9): 2459-2467

Rebbapragada A, Benchabane H, Wrana J L. 2003. Myostatin signals through a transforming growth factor beta-like signaling pathway to block adipogenesis. Molecular Cell Biology, 23(20): 7230-7242

Rico-Bautista E. 2005. Negative regulation of GH signaling. Stockholm: Repro Print

Rios R, Carneiro I, Arce V M, et al. 2002. Myostatin is an inhibitor of myogenic differentiation. American Journal of Physiology-Cell Physiology, 282: C993-C999

Rotwein P. 1991. Mini-Review structure, evolution, expression and regulation of insulin-like growth factor 1 and 2. Growth Factors, 5: 3-18

Rudnicki M A, Braun T, Hinuma S, et al. 1992. Inactivation of *MyoD* in mice leads to up-regulation of the myogenic HLH gene *Myf-5* and results in apparently normal muscle development. Cell, 71(3): 383-390

Rudnicki M A, Schnegelsberg P N, Stead R H, et al. 1993. *MyoD* or *Myf-5* is required for the formation of skeletal muscle. Cell, 75(7): 1351-1359

Ruiz-Hidalgo M J, Gubina E, Tull L, et al. 2002. Dlk modulates mitogen-activated protein kinase signaling to allow or prevent differentiation. Experimental Cell Research, 274: 178-188

Saitbekova N, Gaillard C, Obexer-Ruff G, et al. 1999. Genetic diversity in Swiss goat breeds based on microsatellite analysis. Animal Genetics, 30(1): 36-41

Salehian B, Mahabadi V, Bilas J, et al. 2006. The effect of glutamine on prevention of glucocorticoid-induced skeletal muscle atrophy is associated with myostatin suppression. Metabolism, 55: 1239-1247

Sazanov M W, Ewald D, Buitkamp J, et al. 1999. A molecular marker for the chicken myostatin gene (GDF8) maps to 7p11. Animal Genetics, 20(5): 388-389

Schnoebelen-Combes S, Louveau L, Postel-Vinay M C, et al. 1996. Ontogeny of GH receptor and GH-binding protein in the pig. Journal of Endocrinology, 148(2): 249-25

Smas C M, Chen L, Sul H S. 1997. Cleavage of membrane-associated pref-1 generates a soluble inhibitor of adipocyte differentiation. Molecular & Cellular Biology, 17(2), 977-988

Smith T P, Lopez Corrales N L, Kappes S M, et al. 1997. Myostatin maps to the interval containing the bovine mh locus. Mammalian Genome, 8(10): 742-744

Sonstegard T S, Rohrer G A, Smith T P. 1998. Myostatin maps to porcine chromosome 15 by linkage and physical analyses. Animal Genetics, 29(1): 19-22

Soumillion A, Erkens J H F, Lenstra J A, et al. 1997. Genetic variation in the porcine myogenin gene locus. Mammalian Genome, 8(8): 564-568

Szabo G, Dallmann G, Muller G, et al. 1998. A deletion in the Myostatin gene causes the compact (Cmpt) hypermuscular mutation in mice. Mammalian Genome, 9(8): 671-672

Tang G. 2005. siRNA and miRNA: an insight into RISCs. Trends in Biochemical Sciences, 30(2): 106-114

te Pas M F, Verburg F J, Gerritsen C L, et al. 2000. Messenger ribonucleic acid expression of the *MyoD* gene family in muscle tissue at slaughter in relation to selection for porcine growth rate. Journal of Animal Science, 78(1): 69-77

Vuocolo T, Byrne K, White J, et al. 2007. Identification of a gene network contributing to hypertrophy in callipyge skeletal muscle. Physiological Genomics, 28: 253-272

Vuocolo T, Pearson R, Campbell P, et al. 2003. Differential expression of *Dlk1* in bovine adipose tissue depots. Comparative Biochemistry & Physiology Part B, 134: 315-333

Wagner K R, McPherron A C, Winik N, et al. 2002. Loss of myostatin attenuates severity of muscular dystrophy in mdx mice. Annals of Neurology, 52(6): 832-836

Wang Y, Price S E. 2003. Cloning and characterization of the bovine class 1 and class 2 insulin-like growth factor- Ⅰ mRNAs. Domestic Animal Endocrinology, 25: 315-328

Wehling M, Cai B, Tidball J G. 2000. Modulation of myostatin expression during modified muscle use. Faseb Journal, 14: 103-110

White J D, Vuocolo T, McDonagh M, et al. 2008. Analysis of the callipyge phenotype through skeletal muscle development；association of Dlk1 with muscle precursor cells. Differentiation, 76: 283-298

Whittemore L A, Song K, Li X, et al. 2003. Inhibition of myostatin in adult mice increases skeletal muscle mass and strength. Biochemical and Biophysical Research Communications, 300: 965-971

Yablonka-Reuveni Z, Paterson B M. 2001. *MyoD* and Myogenin expression patterns in cultures of fetal and adult chicken myoblasts. Histochemistry Cytochemistry, 49(4): 455-462

Yakar S, Rosen C J, Beamer W G, et al. 2002. Circulating levels of *IGF- I* directly regulate bone growth and density. The Journal of Clinical Investigation, 110: 771-778

Yang L, Zhao S H , Li K, et al. 1999. Determination of genetic relationships among five indigenous Chinese goat breeds with six microsatellite markers. Animal Genetics, 30(6): 452-455

Ymer S I, Herington A C. 1992. Developmental expression of the growth hormone receptor gene in rabbit tissues. Molecular & Cellular Endocrinology, 83(1): 39-49

Yun J C, Dae S Y, Jaie S C, et al. 1997. Analysis of restriction fragment length polymorphism in the bovine growth hormone gene related to growth performance and carcass quality of korean native cattle. Meat Science, 45(3): 3405-3410

Zhao R Q, Yang X J, Xu Q F, et al. 2004. Expression of *GHR* and *PGC-1α* in association with changes of MyHC isoform types in longissimus muscle of Erhualian and Large White pigs (*Sus scrofa*) during postnatal growth. Animal Science, 79: 203-211

第二部分　利用芯片表达数据构建绵羊背最长肌基因网络调控图并探讨 TGF-β 信号通道在美臀羊形成中的作用

Abstract: [**Background**] Recent advances in the analysis of gene expression data enables a detailed picture of the drivers of differences between treatments to be identified, including the identification of key genes that are not differentially expressed. Here we apply these approaches to gene expression data from sheep muscle with a particular focus on the callipyge phenotype. The callipyge mutation in sheep and mutations in the myostatin gene in cattle both lead to significantly increased muscle growth. Although both types of mutations increase the ratio of fast to slow twitch muscle fibers, many other aspects of the phenotypes are very different. Here we have applied new analysis methodologies to compare the identities of putative components of the path from the mutations to the phenotypic outcomes in callipyge sheep and a myostatin mutation in cattle. [**Results**] The reversed engineering of an Always Correlated gene expression landscape of sheep longissimus dorsi (LD) muscle is described. Five robust modules including genes encoding muscle, mitochondrial, ribosomal, translation proteins and components of the 26S proteosome were identified. We analyzed the callipyge versus normal sheep muscle gene expression data using the regulatory impact factor (*RIF2*) methodology, which can identify key regulators not differentially expressed between two conditions, but which may be drivers of the phenotypic response. Literature and data-mining of the functions and signaling pathway in relationships of the top candidates supported a role for the TGF-β the processes by which increased *Dlk1* expression in the affected muscles of callipyge sheep leads to increased muscle mass. In addition, plotting the *RIF2* scores for the callipyge sheep muscle dataset against the *RIF2* scores for a muscle gene expression data set from cattle with a mutation in the myostatin signaling pathway in both genes further supported a common role for the TGF-β phenotypes. The genes at the intersection of the *RIF2* analyses of the two datasets included *YAP1*, which encodes a component Hippo signaling pathway which regulates organ size. This provides the first in vivo evidence for a role for the Hippo signaling pathway in muscle growth in ruminants, supporting recent in vitro evidence for a role in muscle differentiation in the mouse. [**Conclusions**] The analyses provide new insights into the mechanisms underlying two increased muscle growth phenotypes in ruminants. In particular, they suggest a greater overlap between the mechanisms in callipyge sheep and myostatin cattle, than has previously been anticipated. The results of this study largely enriched the genetic resources research about important functional genes in herbivore of hollow horn ruminant families.

Key words: sheep muscle; regulatory impact factor (RIF) analysis; PCIT; integrated networks; signaling pathway

1 Introduction

Muscle development is a complex process, regulated by many transcription factors and other regulatory molecules, which generates a large number of subtly different muscle fibre types and compositions in mammals. In addition, the equivalent muscle can have quite different fibre type compositions in different species. We are interested in identifying the regulators that underpin muscle development and to this end we have developed and used a series of numerical approaches to construct and interrogate gene co-expression networks (Reverter and Chan, 2008; Hudson et al., 2009a, 2009b; Reverter et al., 2010). Whilst gene expression correlation networks are a promising tool for modelling, analysis and visualisation of genes and their relationships, identifying the causal transcriptional relationships in such networks is not always straightforward. We believe this is because many of the mechanisms that modulate transcription factor activity - such as reversible phosphorylation - occur post-transcriptionally.

We initially applied several approaches to the identification causal relationships to a gene expression dataset from bovine longissimus dorsi (LD) muscle (Hudson et al., 2009a, 2009b). The method uses gene expression data generated by a number of genetic and environmental perturbations of muscle. A number of correlation landscapes are built, including an always correlated landscape that describes the correlated expression relationships that are conserved across all the datasets. The different landscapes can be used in a range of analyses that explore the causal relationships between genes and phenotypes. In unravelling the transcriptional regulation of bovine muscle from expression data, we have found the following three approaches to be very promising; 1) exploring the contents of a co-expression module for the simple presence/absence of transcriptional regulators, 2) determining which transcriptional regulators have the highest absolute, average correlations to all the genes in a module – Module-to-Regulator analysis, and 3) determining which transcriptional regulators have the highest differential co-expression to a set of target genes (which can be derived from a co-expression module, from a list of differentially expressed genes, or prior biological knowledge) — regulatory impact factor (RIF) analysis (Hudson et al., 2009a, 2009b). A particular focus of this work was the myostatin hypertrophy mutation in the Piedmontese bred of cattle.

Sheep are very important species for meat production closely related to cattle. The callipyge phenotype of sheep is a non-Mendelian trait where only heterozygous individuals inheriting the mutant allele from the paternal side exhibit a muscling phenotype (Cockett et al., 1994). The causative mutation is a single-nucleotide polymorphism (SNP) between the genes *Dlk1* and *GTL2* (Freking et al., 2002; Charlier et al., 2001). The expression of *Dlk1* and the encoded protein remains high postnatally in hypertrophied muscles, rather than declining as it does in normal muscles; and DLK1 is considered a strong candidate for the initial effector gene in callipyge sheep. The effector pathway from *Dlk1* over-expression to increased muscle mass has been proposed to involve NOTCH1, HDAC9, FOS and ATF3, as well as specific muscle transcription factors (Vuocolo et al., 2007).

The callipyge mutation only affects a small number of muscles in mutant sheep and it is also not the only locus in sheep at which a single mutation can lead to substantially increased muscle mass. The callipyge mutation affects sheep muscles in a rostro-caudal gradient, but the phenotype only emerges about 2 months post-birth. This is in contrast to sheep and cattle with mutations in the *MSTN* gene which promotes general enhancement of muscling, primarily mediated by prenatal hyperplasia. In contrast to *Dlk1*, *MSTN* appears to act via the TGF-β (Kollias and McDermott, 2008) and WNT pathways (Steelman et al., 2006).

Here we describe the construction of gene expression landscapes for sheep LD muscle, the identification of a number of conserved modules and the comparison of the always correlated landscapes constructed from "normal" sheep and cattle LD muscle. We discuss these features with the two-fold objectives of identifying those regulators whose behaviour is conserved between sheep breeds divergent for muscling, and contrasting the various regulators in sheep muscle to an analogous network generated for developing cattle muscle. In addition we compare the predicted regulators of the hypertrophy phenotype in callipyge sheep and myostatin mutant cattle.

2 Materials and Methods

Microarray data source, processing and analysis

The gene expression data were downloaded/are available in the NCBI GEO database with the entries GSE5195 (10d, 20d, 30d, LD muscle sheep, callipyge and normal genotypes), GSE5955 (T0 and T12 LD muscle sheep, callipyge and normal genotypes), GSE20112 (80d, 100d, 120d, 150d, 230d, LD muscle sheep normal genotypes), GSE20552 (T16, LD muscle sheep, Carwell genotypes). All samples (87 individuals) were from the LD skeletal muscle of sheep analyzed with the same Bovine GeneChip microarray (Affymetrix), which contains 24 027 bovine probe sets representing ~19 000 UniGene clusters and 101 probe sets representing control elements. Probes on the microarray were annotated as previously described, using the UMD2.0 and Btau4.0 bovine genome assemblies (Mariasegaram et al., 2010). The full annotation is in supplementary Table 1. Data acquisition criteria were as follows: First, probes with a dubious gene assignment (for example with multiple genes predicted for the same probe) were removed; second, for those genes represented by more than one probe, the probe with the highest expression level (averaged across all samples) was assigned to that gene. The edited data was normalized using MAS5. Genes with a present flag at at least one time point were retained for the next step in the analysis. Genes with less than XXX variation in their level of expression across each dataset, or subset, were removed form the calculation of correlation coefficients.

The PCIT program (Reverter and Chan, 2008) implemented as a package in R

(Watson-Haigh et al., 2010) was used to generate a total of six co-expression landscapes from the sets of gene correlation coefficients (Table 1). The Always Correlated landscape was constructed by selecting those pairs of genes whose expression profile was found to be significantly correlated in all six landscapes. Cytoscape (Shannon et al., 2003) was used to visualize landscapes and networks. In order to enhance discrimination among edges, a gradient of cut-off values was imposed in the visualization process from those edges corresponding to absolute correlations ($|r|$) > 0.95, to $|r|$ > 0.70, at 0.05 intervals. Within Cytoscape the MCODE (Bader and Hogue, 2003) plug-in was used to identify the robust modules, which were assigned a functional name using the BiNGO plug-in (Maere et al., 2005). For each module, at each correlation cut-off, the MCODE parameters were gradually relaxed until the maximum size of each module was reached immediately preceding a major step increase in size of the module.

Table 1 Sources of gene expression data contributing to the analysis groups

Analysis group	Time points	# of conditions	# of arrays	# of genes in network
Callipyge	80d, 100d, 120d, T0, 10d, 20d, 30d, T12	8		4 176
Normal	80d, 100d, 120d, T0, 10d, 20d, 30d, T12	8		3 732
Prenatal (callipyge and normal)	80d, 100d, 120d,	3		3 081
Postnatal (callipyge and normal)	T0, 10d, 20d, 30d, T12	5		3 476
Carwell	T16	1	40	3 462
Overall	80d, 100d, 120d, T0, 10d, 20d, 30d, T12, T16	9		17 308
Always correlated landscape	intersection of above networks			1 661

To identify the transcriptional regulators we used Module-to Regulator analysis (Hudson et al., 2009b). The list of 1726 transcription factors and co-factors was obtained from MatBase (Cartharius et al., 2005). To identify the transcriptional circuits RIF analysis was used (Hudson et al., 2009a). PermutMatrix (Caraux and Pinloche, 2005) was used to cluster and visualize data matrices. Gene Ontology information was obtained from AmiGO. Gene set enrichment analyses were undertaken using DAVID (Huang et al., 2009), GESA (Subramanian et al., 2005) and GOrilla (Eden et al., 2009).

3 Result and Discussion

3.1 Constructing the "Always Correlated" transcriptional landscape and identification of robust modules

In order to construct the "Always Correlated" transcriptional landscape for sheep LD muscle (Hudson et al., 2009b), we defined 6 groups of samples for the construction of the component gene expression correlation landscapes (Table 1). The final "Always Correlated" landscape was comprised of one large, cohesive network (1465 nodes), and a large number of very small networks containing 2 to 4 genes each, a total of 1661 nodes and 5196 edges (Figure 1A). Of the 5196 edges, 1368 (26.33%) were negative and 3828 (73.67%) were positive.

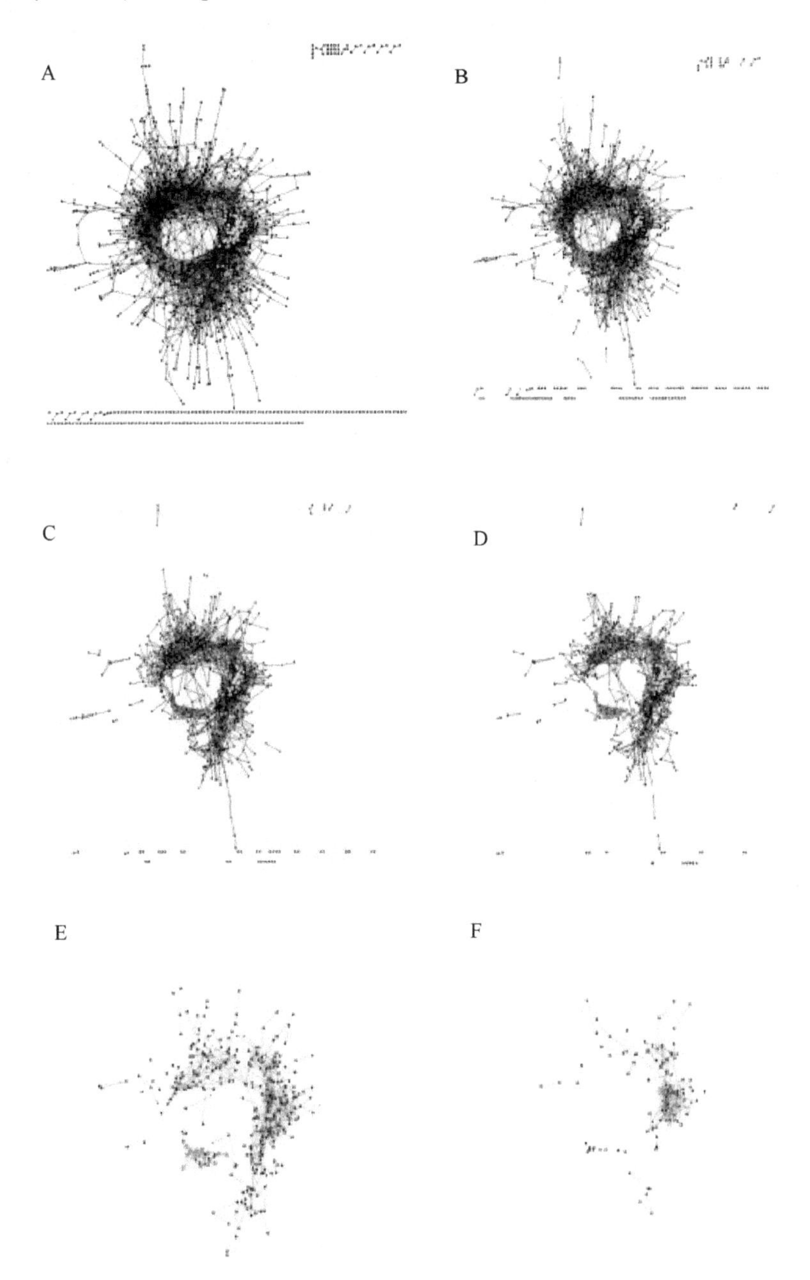

Figure 1 Always correlated landscape at different correlation coefficient cutoffs. A) no cut off, B) 0.7, C) 0.8, D) 0.85, E) 0.9, F) 0.95. Modules are coloured as follows: red – muscle, yellow – mitochondria, green – ribosome, purple – translation, cyan – proteosome. The "Always Correlated" transcriptional landscape cytoscape file is available in supplementary Table 2.

To identify robust modules of genes within the network a series of correlation coefficient based cut-offs were applied across the landscape (Table 2 and Figure 1) and at each cut-off modules were identified using the Cytoscape MCODE plugin and annotated using the BiNGO plugin (Table 3). In general the modules increased in size as the correlation cut-off was decreased from 0.95, and after reaching a maximum size, decreased in size as the correlation cut-off was decreased further. Thus modules were defined using different correlation cutoffs, from >0.85 down to >0.7. Five robust modules were present in the large, cohesive network: muscle, mitochondrial and

Table 2 Identification of functional modules in the "Always Correlated" landscape

Module	Correlation cut-off						Description of the key GO term	GO enrichment P-value
	>0.95	>0.90	>0.85	>0.80	>0.70	none		
mitochondria	29	39	51	40	35	35	mitochondrial electron transport, NADH to ubiquinone	2.0370×10^{-26}
ribosome		18	37	23	29	33	translation	3.7793×10^{-47}
muscle	6	10	12	10	10	10	muscle contraction, muscle system process	3.0278×10^{-8}
regulation of ubiquitin-protein ligase activity			8	13	11		negative regulation of ubiquitin-protein ligase activity	1.2510×10^{-5}
translation					6		translational elongation	1.1387×10^{-8}

Number of genes in each module for each correlation cut-off of the "Always Correlated" landscape was calculated using the MCODE plugin in Cytoscape

Table 3 Location of muscle structural protein subunits in the "Always Correlated" landscape

Module	Slow twitch fibres	Fast twitch fibres	Both slow and fast twitch fibres	fibre type specificity is not known
muscle	MYL2	TNNT3		TNNT1, FHL1, TMOD4, MYOZ1
near muscle	TTN1	MYH2	ACTN2	TRIM54, TCAP, MYOT, DES, MYBPC1
mitochondrial				
near mitochondrial		TNNC2, MYLPF, MYL1		SMPX
Ribosomal				
near ribosomal				
Regulation of ubiquitin –protein ligase activity				
near Regulation of ubiquitin –protein ligase activity			ACTA1	
translation				
near translation		TPM1		
Elsewhere in "Always Correlated" landscape			OBSCN, NEB,	DMD, ANKRD1
not in the "Always Correlated" landscape	MYL3, MYH7, TNNC1, TNNI1, TPM3	MYH1 , MYBPC2 , TNNI2 ,	MYBPH, ACTN3	MYOM2, MYOM3, MYBPC3, TNNI3, TNNT2, TPM2, MYPN, KBTBD10, KBTBD5, CSRP3, LMOD2, UNC45B, SGCA, CMYA5, PDLIM3, LRRC39, XIRP2, TRIM63

ribosomal proteins, regulation of ubiquitin ligation and translation (Figure 1A). A full listing of the genes in each module is provided in supplementary Table 3.

3.2 Muscle structural subunit genes in the "Always Correlated" transcriptional landscape

Of the twelve genes in the muscle module, six encoded muscle structural proteins, five encoded enzymes involved in muscle metabolism. The final gene encoded FAF1, FAS associated factor one, an unexpected component of the muscle module. FAF1 contains a ubiquitin-binding motif and is highly expressed in skeletal muscle (Ryu et al., 1999). FAF1 has recently been reported to associate with the valosin-containing protein VSP purified from muscle and suggested that this complex may interaction transiently with the 26S proteosome (Besche et al., 2009). Mutations in VCP cause inclusion body myopathies, it has been proposed that VCP plays a role in protein homeostasis, extracting proteins from protein complexes for degradation by the 26S proteosome (Schuberth and Buchberger, 2008) and that disruption of this role leads to accumulation of undegraded proteins (Weihl et al., 2009). Although probes are present on the array platform and return informative signals FAF1 was not included in the bovine "Always Correlated" LD landscape.

The positions of the genes encoding muscle structural subunits in the rest of the "always Correlated" landscape was determined (Table 3 and Figure 2). Around half of the genes studied were present on the landscape, however except for the muscle module and adjacent to the module and a small cluster of genes adjacent to the mitochondrial module there was little clustering of genes encoding muscle structural proteins. In addition, apart from the cluster of fast twitch subunits adjacent to the mitochondrial module there was no separate clustering of fast and slow twitch fibre associated subunits.

Gene nodes are coloured as follows; red - fast twitch muscle subunits, green - slow twitch muscle subunits, yellow - both slow and fast twitch subunits, black - fibre type specificity is not known.

3.3 Identification of putative key transcription factors

310 of the 898 transcription factors (TFs) analysed (supplementary Table 4) were included in the "Always Correlated" landscape, of which only 4 were present in the robust modules (Table 4). Module-to-regulator relationships were computed based on the correlation values obtained from the 'Overall' network and a number of known regulators of the functions/attributes of the module were identified (Table 4). For example MEOX2 (muscle module) is involved in muscle development (Otto et al., 2010). COPS5 (mitochondria module), aka JAB1, is a component of the COP9 signalosome complex (Kato and Yoneda-Kato, 2009) and was identified by both

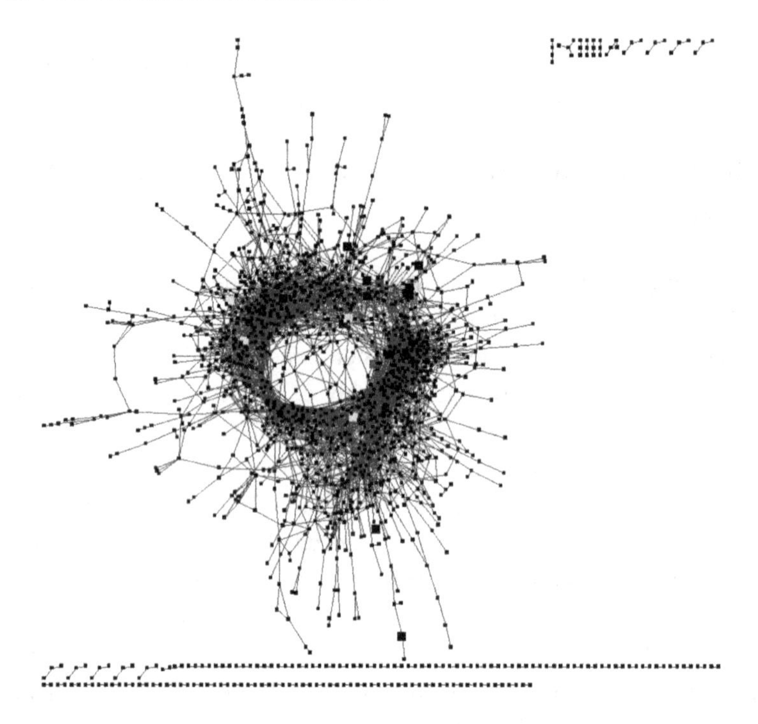

Figure 2 Location of muscle structural subunits in the "Always correlated" landscape

Table 4 Assignment of Transcription Factors to robust modules

Module	TFs common to both approaches	TFs based on "Always correlated" landscape only	Top 10 TFs using the Module-to-Regulator analysis only*
muscle	none	none	KLF9, COPS5, HIF1AN, PREB, TCF7L2, SMARCA1, SMARCAD1, CHD1, CSDA, MEOX2 (Otto et al., 2010)
mitochondrial	COPS5 (Liu et al., 2008)	none	SMARCAD1, CHD1 , TCF7L2, HIF1AN, SMARCA1, BPTF, PREB, MEOX2, YBX1 (de Souza-Pinto et al., 2009)
ribosomal	none	none	BTF3, GTF2H5, CAMTA1, ZHX1, YY1 (Perry, 2005), BMI1, NR3C1, SUB1, ZBTB1, RBL2
regulation of ubiquitin–protein ligase activity	BPTF	SUZ12	TCEB1, TAF9, COPS5 (Liu et al., 2009), SMAD5, SOX4 (Pan et al., 2006), JMJD1C, TCF4 (Bheda et al., 2009), SMARCE1, NCOA1
translation	BTF3	none	YBX1, TAF10, PHB2, ASH1L, TULP4, TBX3, RBM39, MLL3, RBL2

* In descending order of strength of absolute average correlation coefficient. References providing experimental evidence supporting our computational output are provided

approaches. It has previously been shown to be involved in the regulation of the mitochondrial apoptotic pathway through specific interaction with BCL2L14 (aka BclGs) which is a regulator of mitochondrial apoptosis (Liu et al., 2008), YBX1 appears to have mismatch-repair activity in human mitochondria (de Souza-Pinto et al., 2009). HIF1AN is involved in the regulation of HIF1 (Coleman and Ratcliffe, 2009), which is involved in the regulation of the activity of mitochondria and is also regulated by mitochondria via ROS (Reactive Oxygen Species) (Tormos and Chandel, 2010). YY1 (ribosomal module) is one of small number of TFs with predicted binding sites in the promoter regions of many ribosomal protein genes (Perry, 2005).

For the "regulation of ubiquitin-protein ligase activity" module, SUZ12 has a GO annotation for "histone ubiquitination"; TCEB1 has a GO annotation for "ubiquitin-ligase complex" and "ubiquitin-dependent protein catabolic process" and TAF9 a GO annotation of "regulation of proteosomal ubiquitin-dependant protein catabolic process". In addition, COPS5 regulates exosomal protein deubiquitination and sorting (Liu et al., 2009), SOX4 interacts with ubiquitin-conjugating enzyme 9 (UBC9), which represses the transcriptional activity of SOX4 (Pan et al., 2006), and TCF4 regulates the expression of ubiquitin c-terminal hydrolase L1 (UCHL1) (Bheda et al., 2009). Thus, of the 11 proteins identified by the Regulator to Module analysis, six have a link with processes involving ubiquitin. Interestingly, SMARCE1 and NCOA1 also bind to each other.

The overlap between the transcriptional regulators in the ovine and bovine muscle "Always correlated" landscapes is generally low, with some notable exceptions. For example, HIF1AN was identified as being highly correlated to the mitochondrial module in both cases. Again it is likely that the experiment specific factors described above contribute to these differences, in addition a significant rate of false positives may also be present. The detection of true differences between the species probably awaits the availability of orthologous datasets using transcript counting techniques.

3.4 Regulatory impact factor (RIF2) analysis between callipyge and normal sheep

11 080 genes had at least one "present" flag in the microarray data across the 8 developmental times for LD muscle of callipyge and normal sheep. At a false discovery rate <1% 197 DE (differentially expressed) genes and 122 DPIF (differential phenotypic impact factor (Hudson et al., 2009a)) genes were identified. The two sets of genes were combined to generate a list of 254 different *DE* and/or *DPIF* genes. RIF2 analysis is based on the cumulative, simultaneous, differential wiring (DW) of each regulator to the *DE* genes, 'weighted' for the *PIF* of each *DE* gene, and is an effective way to associate genes to phenotypes (Hudson et al., 2009a; Reverter et al., 2010). It is particularly useful for the identification of TFs which are not DE between the two conditions, but which do have differences in activity, for example due to changes in protein phosphorylation status, which lead to differences in the phenotype of interest.

A RIF2 analysis (Hudson et al., 2009a) was employed to identify potential regulators of the differences between LD muscle in callipyge and normal sheep (Table 5). For comparison *Dlk1* was also included in the analysis, although it is not a TF. Whilst it did not have the best score, *Dlk1* had the tenth largest absolute RIF2 value. In contrast, none of the classical muscle TFs was in the top ten. The *DE/DPIF* genes and *RIF2* genes were plotted on the Always Correlated transcriptional landscape however no clear clustering of either DE/DPIF or RIF2 genes was observed (data not shown). A number of network and literature databases were mined to identify links between the highly ranked genes. No enrichment for GO terms, apart from those expected for transcription factors, was observed. However, four of the nine encoded TFs, (YAP1 (Guo et al., 2006), KLF10 (Subramaniam et al., 1995; Johnsen et al., 2002), PIAS3 (Long et al., 2004) and KHDRBS1 (Colland et al., 2004)) have been reported to interact with and/or regulate the expression or activity of the SMAD components of the TGF-β pathway (Figure 3). A common feature of the proteins encoded by the remaining extreme RIF2 regulators is a role in chromatin remodelling, MYST2 is a histone acetyltransferase (Voss and Thomas, 2009) involved in the acetylation of Histone 3 and Histone 4 lysines 5, 8, 12 and 16, SETD7 is a histone-lysine N-methyltransferase. This suggests that the callipyge muscling phenotype may involve chromatin remodelling.

Table 5 Average and differential expression (DE) for the top-10 regulators ranked by RIF2 score

Regulators	Average expression level	DE*	RIF2	Rank RIF2
CREB3L3	6.19	0.19	−2.81	7
DLK1	12.10	1.10	−2.69	10
KHDRBS1	11.43	0.11	3.11	5
KLF10	9.48	−0.39	−3.97	1
MYST2	9.50	0.06	3.15	3
PIAS3	7.41	0.07	−2.99	6
RNF12	9.24	0.55	3.08	5
RRN3	6.86	0.07	2.71	9
SETD7	10.58	0.50	2.72	8
YAP1	10.56	0.22	3.29	2

* Average DE expression calculated across the full dataset

YAP1 is a member of the Hippo pathway, which regulates organ size (Zhao et al., 2010) and *YAP1* has recently been shown to be a regulator of myogenesis in the murine C2C12 myogenic model (Watt et al., 2010). In line with the lack of DE, but high RIF score in our analysis, upon differentiation of the C2C12 cells the expression of *YAP1* is not changed significantly whilst the phosphorylation level of the protein increased approximately 20-fold (Watt et al., 2010). In addition, it was demonstrated that phosphorylation of *YAP1* and its consequent translocation to the nucleus was likely to be required for differentiation (Watt et al., 2010).

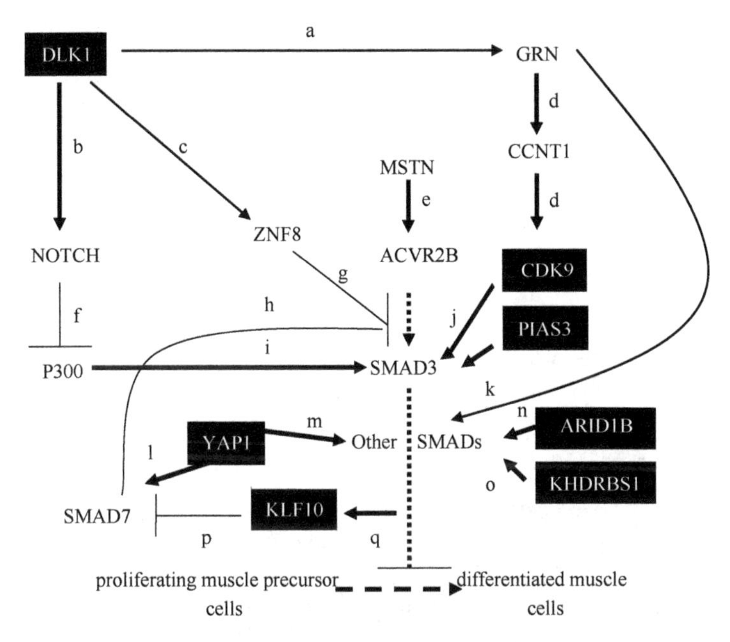

Figure 3 Network linking putative key drivers of increased muscling in callipyge animals

Genes in white on black background are in the RIF2 top 10 lists. Thick single headed arrows represent stimulatory relationships identified from the literature, while thick line headed arrows represent inhibitory relationships identified from the literature. Thin arrows indicate that the nature of the relationship is unknown. Lines with short dashes represent the TGF-β pathway. Literature evidence for interactions and effects is as follows; a. Baladron et al., 2002; b. Bordonaro et al., 2011; c. Colland et al., 2004; d. Hoque et al., 2003; e. Lee and McPherron, 2001; f. Masuda et al., 2005; g. He et al., 2006; h, i. Wang et al., 2011; j. Alarcon et al., 2009, k. Long et al., 2004; l. Ferrigno et al., 2002; m. Alarcon et al., 2009; n. Jeon et al., 2006; o. Gronroos et al., 2002; p. Johnsen et al., 2002; q. Miyake et al., 2010

3.5 Regulatory impact factor analysis overlap between callipyge sheep and myostatin mutant cattle

The mutations in the callipyge sheep and myostatin mutant cattle are in unrelated genes/sequences and in non-orthologous regions of the genomes, and although both mutations lead to increased muscle mass each have different impacts on the expression of the immediately affected genes. Expression of *Dlk1* is increased (Vuocolo et al., 2007), and the expression and/or activity of MSTN (ref) are is decreased. In order to identify potential similarities between the mechanisms of action of the two mutations we plotted the RIF2 scores for the two datasets against each other. Not unexpectedly the overall correlation between the two datasets was very low. However a number of genes were observed at the extremes of the diagonals (Figure 4). The muscle transcription factors, *MEF2C* and *MYOD1*, were extreme in the myostatin dataset, but not in the callipyge dataset (Figure 2). *Dlk1*, which was also included the analysis of the cattle data, was not highlighted by this analysis suggesting that it may not be involved in the action of MSTN.

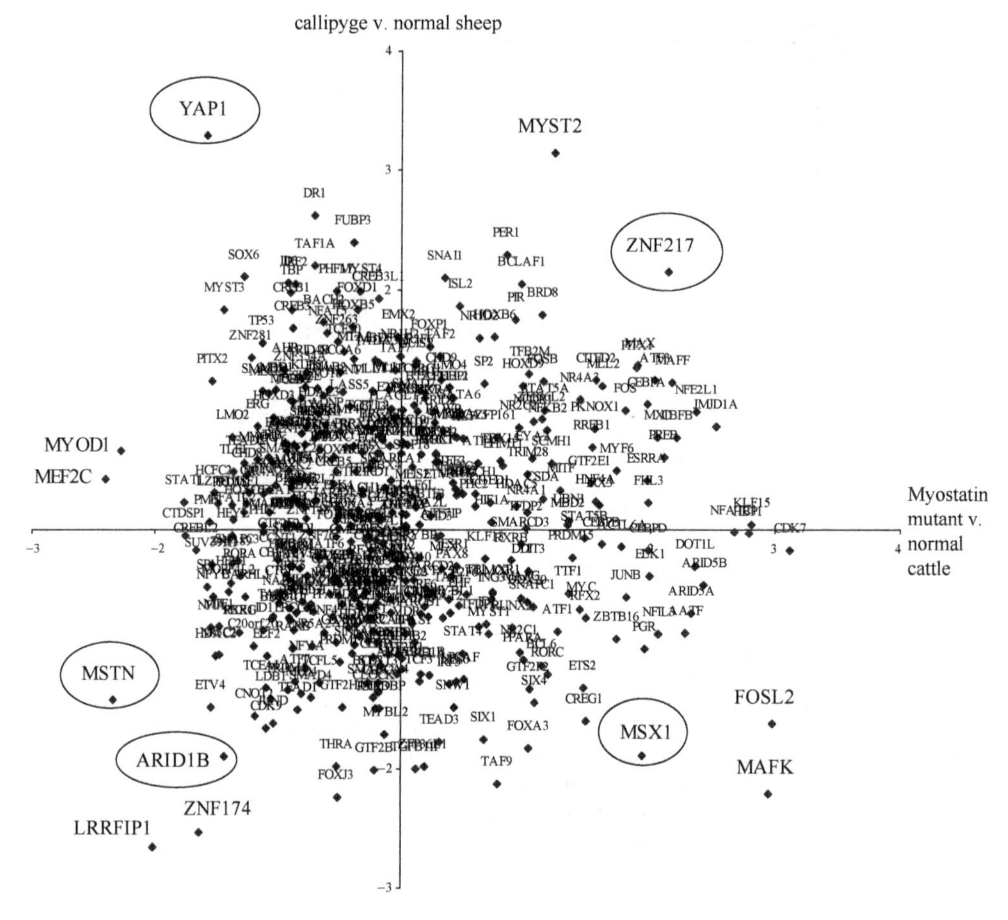

Figure 4 Plot of RIF2 scores

RIF2 scores of TFs calculated from the comparison of the gene expression data from callipyge sheep v normal sheep plotted against the RIF2 scores of TFs calculated from the comparison of the gene expression data from heterozygous myostatin mutant cattle v normal cattle. The top ten genes at the extremes of the diagonals are indicated by large font and genes encoding proteins with links to the TGF-β pathway are circled

Of the top ten genes at the extremes of the diagonals, five encode proteins which have been associated with the TGF-β signalling pathway i.e. myostatin itself (Kollias and McDermott, 2008), MSX1 (Bei and Maas, 1998), ZNF217 (Thillainadesan et al., 2008), *YAP1* (Guo et al., 2006) and *ARID1B* (Colland et al., 2004). In contrast, no genes encoding proteins associated with the WNT pathway were observed. Of the other genes the protein encoded by *FOSL2* (FOS-like antigen 2) has been implicated as a regulator of cell proliferation, differentiation, and transformation. FOSL2 containing AP-1 (activating protein-1) complexes can transactivate the MYOD1 enhancer/promoter (Andreucci et al., 2002).

The presence of *YAP1* in the intersection of the two RIF analyses suggests that YAP1 may play a similar role in these two DIFFERENT models processes of increased muscle mass.

3.6 Evidence for a role of the TGF-β pathway in muscle hypertrophy in callipyge sheep

Reduced levels of MSTN in mutant animals leads to a decrease in TGF-β pathway signalling and a release on the inhibition of muscle precursor cell proliferation to differentiation. In both Piedmontese (Greenwood et al., 2006) and Belgium Blue (Deveaux et al., 2001) cattle, which contain MSTN inactivating mutations, the modification in TGF-β signalling culminates in an increased number of type II glycolytic fibres that account for the overall increase in muscle mass. The TGF-β pathway has not previously been implicated in the pathway from the mutation to phenotype in callipyge sheep, despite a similar fibre type switch observed in the affected muscles. A model for the mechanism of action of DLK1 has been proposed which does not include the TGF-β pathway (Figure 3)., but increased expression of *MSTN* has been observed in muscles with increased expression of *Dlk1* . This increase in expression of *MSTN* may be expected to counteract the action of increased expression of *Dlk1* i.e. representing a possible homeostatic response to the increased muscle mass driven by DLK1. In contrast, the decrease in expression of *KLF10* and the increase in expression of *YAP1*, both of which encode proteins that directly interact with Smad7 (Johnsen et al., 2002; Ferrigno et al., 2002) would be predicted to decrease the signalling in the TGF-β pathway leading to increased muscle mass. Given that myostatin exerts its effect through binding to the activin IIB receptor which in turn represses TGF-β signalling via Smad7, Smad7 may be considered the common node that is rewired in both the callipyge sheep and myostatin mutant transcriptional networks. A recent publication has demonstrated that the cytoplasmic domain of NOTCH1 can translocate to the nucleus and sequester the Smad3 coactivator P300, a histone acetylase, leading to reduction of signalling in the TGF-β pathway. Since *Dlk1*, a plasma membrane bound protein, is proposed to interact with the extracellular domain of NOTCH1 this raises the possibility that *Dlk1* itself may at least partly drive muscle growth via the TGF-β pathway.

3.7 A model for the role of the TGF-β pathway in muscle growth in development in animals with normal and increased muscle mass

Based on the research described herein and other published work we propose a model which links *Dlk1*, *MSTN*, and TGF-β signalling and muscle growth (Figure 5). In normal adult muscle the expression of *Dlk1* and *MSTN* are in balance essentially switching off differentiation of muscle precursor cells. During fetal development the expression of *Dlk1* is much higher relative to *MSTN* expression, and declines substantially after birth, reducing the inhibitory signalling of the TGF-β pathway allowing higher levels of differentiation prior to birth. In the affected muscles of callipyge animals the decline does not occur leading to reduced inhibition of differentiation. *MSTN* expression also declines after birth. The higher *MSTN* expression in affected muscles in callipyge animals may moderate the stimulatory effect of the increased levels of *Dlk1*. In myostatin mutant animals reduced levels of myostatin protein also lead to reduced inhibitory signalling in the TGF-β pathway and increased differentiation of proliferating muscle precursor cells.

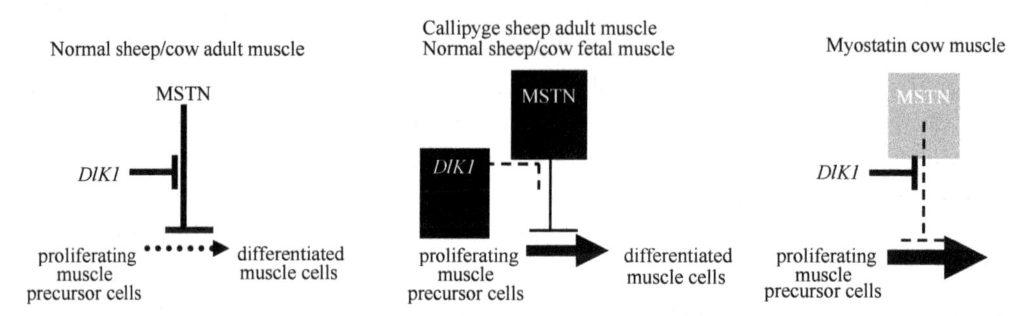

Figure 5 Model of roles of *DlK1* and *MSTN* in the TGF-β pathway and muscle growth

Genes with increased expression/activity relative to adult levels of expression/activity are shown with white names on a black background. Genes with reduced expression /activity relative to adult levels of expression are shown on a grey background. Genes with adult levels of expression/activity are show on a white background. Line headed arrows represent inhibitory activity. Only inputs and outputs are shown

Conclusions

These analyses suggest a new hypothesis for the effector pathway between *Dlk1* and the phenotype. The overlap between the genes identified by RIF2 analysis between callipyge sheep and myostatin cattle suggests a new hypothesis for the relationship between *Dlk1* and *MSTN* in regulating muscle growth.

References

Alarcon C, Zaromytidou A I, Xi Q, et al. 2009. Nuclear CDKs drive Smad transcriptional activation and turnover in BMP and TGF-beta pathways. Cell, 139: 757-769

AmiGO website. http://amigo.geneontology.org/cgi-bin/amigo/search.cgi?

Andreucci J J, Grant D, Cox D M, et al. 2002. Composition and function of AP-1 transcription complexes during muscle cell differentiation. Journal of Biological Chemistry, 277(19): 16 426-16 432

Bader G D, Hogue C W. 2003. An automated method for finding molecular complexes in large protein interaction networks. BMC Bioinformatics, 4: 2

Baladron V, Ruiz-Hidalgo M J, Bonvini E, et al. 2002. The EGF-like homeotic protein dlk affects cell growth and interacts with growth-modulating molecules in the yeast two-hybrid system. Biochemical and Biophysical Research Communication, 291: 193-204

Bei M, Maas R. 1998. FGFs and BMP4 induce both Msx1-independent and Msx1-dependent signaling pathways in early tooth development. Development, 125(21): 4325-4333

Besche H C, Haas W, Gygi S P, et al. 2009. Isolation of mammalian 26S proteasomes and p97/VCP complexes using the ubiquitin-like domain from HHR23B reveals novel proteasome-associated proteins. Biochemistry, 48(11): 2538-2549

Bheda A, Yue W, Gullapalli A, et al. 2009. Positive reciprocal regulation of ubiquitin C-terminal hydrolase L1 and beta-catenin/TCF signaling. PLoS One, 4(6): e5955

Bordonaro M, Tewari S, Atamna W, et al. 2011. The Notch ligand Delta-like 1 integrates inputs from TGF-beta/Activin and Wnt pathways. Experimental Cell Research, 317: 1368-1381

Caraux G, Pinloche S. 2005. PermutMatrix: a graphical environment to arrange gene expression profiles in optimal linear order. Bioinformatics, 21(7): 1280-1281

Cartharius K, Frech K, Grote K, et al. 2005. MatInspector and beyond: promoter analysis based on transcription factor binding sites. Bioinformatics, 21(13): 2933-2942

Charlier C, Segers K, Wagenaar D, et al. 2001. Human-ovine comparative sequencing of a 250-kb imprinted domain encompassing the callipyge (clpg) locus and identification of six imprinted transcripts: DLK1, DAT, GTL2, PEG11, antiPEG11, and MEG8. Genome Research, 11(5): 850-862

Cockett N E, Jackson S P, Shay T L, et al. 1994. Chromosomal localization of the callipyge gene in sheep (*Ovis aries*) using bovine DNA markers. Proceedings of the National Academy of Sciences of the United States of America, 91(8): 3019-3023

Coleman M L, Ratcliffe P J. 2009. Signalling cross talk of the HIF system: involvement of the FIH protein. Current Pharmaceutical Design, 15(33): 3904-3907

Colland F, Jacq X, Trouplin V, et al. 2004. Functional proteomics mapping of a human signaling pathway. Genome Research, 14(7): 1324-1332

de Souza-Pinto N C, Mason P A, Hashiguchi K, et al. 2009. Novel DNA mismatch-repair activity involving YB-1 in human mitochondria. DNA Repair (Amst), 8(6): 704-719

Deveaux V, Cassar-Malek I, Picard B. 2001. Comparison of contractile characteristics of muscle from Holstein and double-muscled Belgian Blue foetuses. Comparative Biochemistry & Physiology Part A Molecular & Integrative Physiology, 131(1): 21-29

Eden E, Navon R, Steinfeld I, et al. 2009.GOrilla: a tool for discovery and visualization of enriched GO terms in ranked gene lists. BMC Bioinformatics, 10: 48

Ferrigno O, Lallemand F, Verrecchia F, et al. 2002. Yes-associated protein (YAP65) interacts with Smad7 and potentiates its inhibitory activity against TGF-beta/Smad signaling. Oncogene, 21(32): 4879-4884

Freking B A, Murphy S K, Wylie A A, et al. 2002. Identification of the single base change causing the callipyge muscle hypertrophy phenotype, the only known example of polar overdominance in mammals. Genome Research, 12(10): 1496-1506

Gorilla. http://cbl-gorilla.cs.technion.ac.il/

Greenwood P L, Davis J J, Gaunt G M, et al. 2006. Influences on the loin and cellular characteristics of the m-longissimus lumborum of Australian Poll Dorset-sired lambs. Australian Journal of Agricultural Research, 57(1): 1-12

Gronroos E, Hellman U, Heldin C H, et al. 2002. Control of Smad7 stability by competition between acetylation and ubiquitination. Mollecular Cell, 10: 483-493

GSEA MsigDB. http://www.broadinstitute.org/gsea/msigdb/annotate.jsp

Guo J, Kleeff J, Zhao Y, et al. 2006. Yes-associated protein (YAP65) in relation to Smad7 expression in human pancreatic ductal adenocarcinoma. International Journal of Molecular Medicine, 17(5): 761-767

He W, Dorn D C, Erdjument-Bromage H, et al. 2006. Hematopoiesis controlled by distinct TIF1gamma and Smad4 branches of the TGFbeta pathway. Cell, 125: 929-941

Hoque M, Young T M, Lee C G, et al. 2003. The growth factor granulin interacts with cyclin T1 and modulates P-TEFb-dependent transcription. Molecular and Cellular Biology, 23: 1688-1702

Huang D W, Sherman B T, Lempicki R A. 2009. Systematic and integrative analysis of large gene lists using DAVID bioinformatics resources. Nature Protocols Erecipes for Researchers, 4(1): 44-57

Hudson N J, Reverter A, Dalrymple B P. 2009a. A differential wiring analysis of expression data correctly identifies the gene containing the causal mutation. PLoS Computational Biology, 5(5): e1000382

Hudson N J, Reverter A, Wang Y, et al. 2009b. Inferring the transcriptional landscape of bovine skeletal muscle by integrating co-expression networks. PLoS One, 4(10): e7249

Jeon E J, Lee K Y, Choi N S, et al. 2006. Bone morphogenetic protein-2 stimulates Runx2 acetylation. Journal of Biological Chemistry, 281: 16 502-16 511

Johnsen S A, Subramaniam M, Janknecht R, et al. 2002. TGF beta inducible early gene enhances TGF beta/Smad-dependent transcriptional responses. Oncogene, 21(37): 5783-5790

Kato J Y, Yoneda-Kato N. 2009. Mammalian COP9 signalosome. Genes Cells, 14(11): 1209-1225

Kollias H D, McDermott J C. 2008. Transforming growth factor-beta and myostatin signaling in skeletal muscle. Journal of Applied Physiology, 104(3): 579-587

Lee S J, McPherron A C. 2001. Regulation of myostatin activity and muscle growth. Proceeding of the National Academy Sciences of the United States of America, 98: 9306-9311

Liu X, Pan Z, Zhang L, et al. 2008. JAB1 accelerates mitochondrial apoptosis by interaction with proapoptotic BclGs. Cell Signal, 20(1): 230-240

Liu Y, Shah S V, Xiang X, et al. 2009. COP9-associated CSN5 regulates exosomal protein deubiquitination and sorting. American Journal of Pathology, 174(4): 1415-1425

Long J, Wang G, Matsuura I, et al. 2004. Activation of Smad transcriptional activity by protein inhibitor of activated STAT3 (PIAS3). Proceedings of the National Academy of Sciences, 101(1): 99-104

Maere S, Heymans K, Kuiper M. 2005. BiNGO: a Cytoscape plugin to assess overrepresentation of gene ontology categories in biological networks. Bioinformatics, 21(16): 3448-3449

Mariasegaram M, Reverter A, Barris W, et al. 2010. Transcription profiling provides insights into gene pathways involved in horn and scurs development in cattle. BMC Genomics, 11(1): 370

Masuda S, Kumano K, Shimizu K, et al. 2005. Notch1 oncoprotein antagonizes TGF-beta/Smad-mediated cell growth suppression via sequestration of coactivator p300. Cancer Science, 96: 274-282

Miyake M, Hayashi S, Iwasaki S, et al. 2010. Possible role of TIEG1 as a feedback regulator of myostatin and TGF-beta in myoblasts. Biochemical and Biophysical Research Communications, 393: 762-766

Otto A, Macharia R, Matsakas A, et al. 2010. A hypoplastic model of skeletal muscle development displaying reduced foetal myoblast cell numbers, increased oxidative myofibres and improved specific tension capacity. Developmental Biology, 343(1-2): 51-62

Pan X, Li H, Zhang P, et al. 2006. Ubc9 interacts with SOX4 and represses its transcriptional activity. Biochemical & Biophysical Research Communications, 344(3): 727-734

Perry R P. 2005. The architecture of mammalian ribosomal protein promoters. BMC Evolutionary Biology, 5(1): 15

Reverter A, Chan E K. 2008. Combining partial correlation and an information theory approach to the reversed engineering of gene co-expression networks. Bioinformatics, 24(21): 2491-2497

Reverter A, Hudson N J, Nagaraj S H, et al. 2010. Regulatory impact factors: unraveling the transcriptional regulation of complex traits from expression data. Bioinformatics, 26(7): 896-904

Ryu S W, Chae S K, Lee K J, et al. 1999. Identification and characterization of human Fas associated factor 1, hFAF1. Biochemical & Biophysical Research Communications, 262(2): 388-394

Schuberth C, Buchberger A. 2008. UBX domain proteins: major regulators of the AAA ATPase Cdc48/p97. Cellular & Molecular Life Sciences, 65(15): 2360-2371

Shannon P, Markiel A, Ozier O, et al. 2003. Cytoscape: a software environment for integrated models of biomolecular interaction networks. Genome Research, 13(11): 2498-2504

Steelman C A, Recknor J C, Nettleton D, et al. 2006. Transcriptional profiling of myostatin-knockout mice implicates Wnt signaling in postnatal skeletal muscle growth and hypertrophy. FASEB Journal, 20(3): 580-582

Subramaniam M, Harris S A, Oursler M J, et al. 1995. Identification of a novel TGF-beta-regulated gene encoding a putative zinc finger protein in human osteoblasts. Nucleic Acids Research, 23(23): 4907-4912

Subramanian A, Tamayo P, Mootha V K, et al. 2005. Gene set enrichment analysis: a knowledge-based approach for interpreting genome-wide expression profiles. Proceedings of the National Academy of Sciences, 102(43): 15 545-15 550

Thillainadesan G, Isovic M, Loney E, et al. 2008. Genome analysis identifies the p15ink4b tumor suppressor as a direct target of the ZNF217/CoREST complex. Molecular & Cellular Biology, 28(19): 6066-6077

Tormos K V, Chandel N S. 2010. Inter-connection between mitochondria and HIFs. Journal of Cellular & Molecular Medicine, 14(4): 795-804

Voss A K, Thomas T. 2009. MYST family histone acetyltransferases take center stage in stem cells and development. Bioessays, 31(10): 1050-1061

Vuocolo T, Byrne K, White J, et al. 2007. Identification of a gene network contributing to hypertrophy in callipyge skeletal muscle. Physiological Genomics, 28(3): 253-272.

Wang W M, Wu S Y, Lee A Y, et al. 2011. Binding site specificity and factor redundancy in activator protein-1-driven human papillomavirus chromatin-dependent transcription. Journal of Biological Chemistry, 286: 40 974-40 986

Watson-Haigh N S, Kadarmideen H N, Reverter A. 2010. PCIT: an R package for weighted gene co-expression networks based on partial correlation and information theory approaches. Bioinformatics, 26(3): 411-413

Watt K I, Judson R, Medlow P, et al. 2010. Yap is a novel regulator of C2C12 myogenesis. Biochemical & Biophysical Research Communications, 393(4): 619-624

Weihl C C, Pestronk A, Kimonis V E. 2009. Valosin-containing protein disease: inclusion body myopathy with Paget's disease of the bone and fronto-temporal dementia. Neuromuscular Disorders, 19(5): 308-315

Zhao B, Li L, Lei Q, et al. 2010. The Hippo-YAP pathway in organ size control and tumorigenesis: an updated version. Genes & Development, 24(9): 862-874

编 后 记

《博士后文库》（以下简称《文库》）是汇集自然科学领域博士后研究人员优秀学术成果的系列丛书。《文库》致力于打造专属于博士后学术创新的旗舰品牌，营造博士后百花齐放的学术氛围，提升博士后优秀成果的学术和社会影响力。

自《文库》出版资助工作开展以来，得到了全国博士后管理委员会办公室、中国博士后科学基金会、中国科学院、科学出版社等有关单位领导的大力支持，众多热心博士后事业的专家学者给予了积极的建议，工作人员做了大量艰苦细致的工作。在此，我们一并表示感谢！

《博士后文库》编委会